Philipp Meuser

Vom Fliegerfeld zum Wiesenmeer

Flughafen Berlin – Tempelhof – Geschichte und Zukunft

Vorwort von Peter Strieder

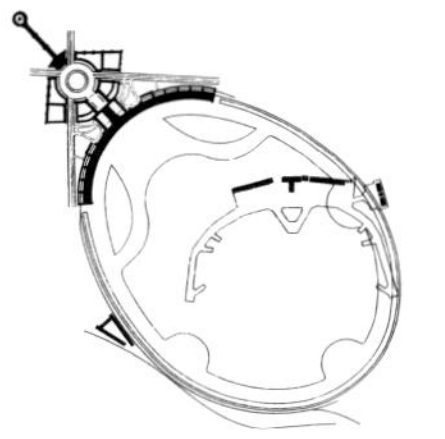

Philipp Meuser

Vom Fliegerfeld zum Wiesenmeer

Flughafen Berlin – Tempelhof – Geschichte und Zukunft

Vorwort von Peter Strieder

Berlin Edition

Inhalt

Peter Strieder

Vom Fliegerfeld zum Wiesenmeer

Vorwort

Mit dem geplanten Ausbau des Flughafens Schönefeld zum Flughafen *Berlin Brandenburg International* bis zum Jahr 2007 wird der gesamte Luftverkehr in der Hauptstadtregion Berlin-Brandenburg an einem Standort gebündelt. Die Flughafengesellschafter Bund, Land Brandenburg und Land Berlin haben mit diesem Beschluss die notwendigen Voraussetzungen für die Entwicklung eines internationalen Drehkreuzes geschaffen. Der Flughafen Tempelhof wird seinen Betrieb in den kommenden Jahren einstellen, der Flughafen Tegel mit der Inbetriebnahme des neuen Flughafens geschlossen. Dies bietet enorme Chancen, diese beiden großen Areale wieder in die Stadt zu integrieren und für die Bevölkerung zurückzugewinnen.

Nutzungskonflikt zwischen Stadt, Landschaft und Flughafen: Boeing 727 auf dem Rollfeld, 1967

Die Entwicklungsgeschichte Berlins ist wie bei kaum einer anderen Stadt in der Welt verbunden mit dem Traum des Menschen vom Fliegen. Die Luftfahrt in Berlin hatte ihren Anfang vor über zweihundert Jahren, als der Franzose Pierre Blanchard 1788 mit einem Wasserstoffballon vom Exerzierplatz vor dem Brandenburger Tor aufstieg. Etwa einhundert Jahre später begann das Zeitalter des Menschenfluges mit den Flügen von Otto Lilienthal. In der Folge entstanden in Berlin ab dem Jahr 1900 Flugplätze wie Johannisthal, Schönefeld, Staaken, Gatow und eben Tempelhof und Tegel.

Die ehemaligen Flugplätze in Johannisthal und Gatow standen nach der Wiedervereinigung bereits im Mittelpunkt konkreter städtebaulicher und landschaftsplanerischer Konzepte, die inzwischen auch umgesetzt werden. So wird Johannisthal – die Wiege des deutschen Motorfluges – tragendes landschaftliches Element des neuen Stadtteils Adlershof,

Experimentierfeld Tempelhof: Start eines Luftschiffes, Ende des 19. Jahrhunderts

Unendliche Weite:
Inmitten der Stadt ermöglicht der Flughafen Tempelhof den freien Blick zum Horizont, 1999

einer integrierten Stadt von Wirtschaft und Wissenschaft. Auf dem Gelände des ehemaligen Militär-Flugplatzes Gatow entsteht am Rande der Stadt eine attraktive neue Wohnsiedlung in grüner Umgebung. Die Grünflächen werden Bestandteil eines noch zu entwickelnden länderübergreifenden Regionalparks. Auch für die Nachnutzung des Flughafens Tegel existieren bereits erste stadtstrukturelle Ideen. Dort besteht nach der Schließung die Möglichkeit, einen Stadtraum von etwa 450 Hektar Größe für die Stadt- und Freiraumentwicklung zurückzugewinnen.

Die Debatten über die Zukunft des Flughafens Tempelhof lassen sich einreihen in eine Serie prominenter, zurückliegender sowie aktueller Diskussionen und Planungen über die Zukunft älterer Flughafenanlagen. So entsteht auf dem ehemaligen Flughafen München-Riem zur Zeit die *Messestadt Riem*: ein Standort für die neue Messe, neuen Wohnungsbau und einen Park. Leitgedanke ist die intensive Verzahnung von Stadt und Landschaft. In Liverpool soll die Umnutzung des schon seit Jahren geschlossenen Flughafens Speke nun Initialzündung für die Entwicklung des gesamten städtischen Umfeldes werden. Die Debatte über die Nachnutzung obsolet gewordener Flughäfen wird

aber nicht nur in Europa geführt. So wird der Regionalflughafen *Meigs Field* in Chicago in den nächsten Jahren geschlossen und in einen Stadtpark umgewandelt. Im Rahmen eines Kulturprojekts der Europäischen Union wird zur Zeit entlang der Standorte Paris-Le Bourget, Liverpool-Speke und Berlin-Tempelhof die architektonische Bedeutung und Zukunft von Flughäfen der Dreißigerjahre des 20. Jahrhunderts aufgearbeitet und diskutiert.

Wenn man über die künftige Nutzung des Flughafens Tempelhof spricht, muss man wissen, dass dieses große Areal schon lange ein Ort von besonderer Bedeutung und Schauplatz historischer Ereignisse der Berliner und deutschen Geschichte ist: Das ehemalige Exerzierfeld der Kaiserzeit, damals noch vor den Toren der Stadt, war zunächst ein beliebtes Ausflugsziel. Dann lockten nicht mehr Militärparaden und Pferdesport, sondern neue Technik, nämlich Flugexperimente die Neugierigen zu Beginn des Jahrhunderts an. Die Namen verschiedener Flugpioniere aber auch der Zeppelin sind mit dieser Zeit untrennbar verbunden. In der Folge dieser innovativen Epoche wurde 1923 der Berliner Zentralflughafen in Tempelhof eröffnet, ab 1926 Heimathafen einer Luftverkehrsgesellschaft, die sich später zur *Deutschen Lufthansa* entwickelte.

Der Flughafen und das Flughafengebäude in seiner heutigen Form aus den Baujahren 1936 bis 1943 sind zum einen Ausdruck nationalsozialistischer Herrschaft, zum anderen aber auch herausragendes Beispiel für die Entwicklung eines völlig neuen Bautyps, des Großflughafens moderner Prägung. Den monumentalen Wahnvorstellungen der Nationalsozialisten entsprechend entstand mit ihm einer der größten Gebäudekomplexe Europas. Während der Berlin-Blockade in den Jahren 1948/49 rückte der Flughafen Tempelhof mit der Luftbrücke in den Mittelpunkt der politischen Konfrontation und erlangte weltweite Aufmerksamkeit. Das Ensemble von Flugfeld und Flughafengebäude und seine markante stadtstrukturelle Ausprägung sind in dieser Form einzigartig.

Der Flughafen Tempelhof steht schon seit über zehn Jahren im Brennpunkt der Diskussionen. Seine weitere Nutzung, nach Einstellung des Luftverkehrs, muss auf die besondere Entwicklungsgeschichte des Areals eingehen. Daher liegt es nahe, nach Aufgabe des Verkehrsflughafens die besondere Prägung des Ortes durch Luftfahrt- und Zeitgeschichte weiter lebendig zu halten und mit den zukünftigen Anforderungen an die Berliner Stadtentwicklung sowie urbanen Bedürfnissen zu verbinden. Im ersten Gesamtberliner Flächennutzungsplan nach der Wende wurde 1994 für das Tempelhofer Feld bereits eine Aufteilung in die Nutzungen Wohnen, Gewerbe, Dienstleistung und Grünfläche vorgesehen. Nach längeren Diskussionen mündeten die Ergebnisse einer ‚Zukunftswerkstatt Flughafen Tempelhof 2020' im Mai 1999 in ein konkretes Konzept, den ‚Park der Luftbrücke'. Danach soll das ehemalige Flugfeld den Charakter eines Wiesenmeers erhalten. Die Besonderheit von Weite und Offenheit wird beibehalten, der innerstädtische Horizont ist Planungsmaxime. Lange Zeit im Berliner Stadtgrundriss nicht wirklich erfahrbar, ist es Ziel, das weite Feld wieder für die Bevölkerung und Besucher zu öffnen und zu einer neuen Attraktion der Berliner Innenstadt werden zu lassen. Eine neue Nutzung des Flughafens Tempelhof wird nur in zeitlichen Stufen und in einzelnen Abschnitten über einen längeren Zeitraum realisiert werden können. Für einige Bereiche ist bereits heute ein konkreter Bedarf an Flächen, zum Beispiel für die Freizeitindustrie erkennbar, an anderen Stellen können aus heutiger Sicht nur Ziele und Möglichkeiten für künftige Nutzungen aufgezeigt werden. Die Planungsvorschläge sind als Entwicklungsstrategie zu betrachten, als im Detail noch offenes und ausfüllbares räumliches Entwicklungsgerüst.

Tempelhof ist Verpflichtung und Chance zugleich. Welche Stadt kann in einer solchen Lage über eine derartige Flächenreserve verfügen? Hier bietet sich eine großartige Möglichkeit, die Qualität der gesamten Innenstadt Berlins aufzuwerten. So kann die Öffnung des Tempelhofer Feldes im Sinne einer sozialorientierten Stadtentwicklung zur Qualifizierung der Nahräume und damit zu einer gezielten Verbesserung für die umliegenden, dicht bebauten Innenstadtquartiere beitragen. Die riesige freie Fläche inmitten der Stadt ist aber auch eine Option auf die Zukunft für heute noch nicht absehbare Anforderungen und Chancen Berlins, etwa als Sitz von internationalen Einrichtungen im Zusammenhang mit der Osterweiterung der Europäischen Union. Diese Zukunftsressourcen darf sich Berlin nicht verbauen. Es ist gleichzeitig aber auch Chance für eine Vernetzung und Diversifizierung sich im Umbruch befindender gesellschaftlicher Bedürfnisse und Ansprüche. Mögliche Nutzungsfelder wie Freizeit, Erholung und Sport können hier eine fruchtbare Symbiose eingehen mit den Zukunftsthemen Wissen, Information, Kultur, Technik- und Kulturgeschichte unter Einbeziehung neuer Medien und Technologien.

Insgesamt sind Transparenz und eine breite öffentliche Meinungsbildung grundsätzliche Voraussetzungen, um verbindliche Grundlagen für eine zukunftsfähige innovative, dem Standort gerechte Nachnutzung politisch und mit der Stadtgesellschaft zu vereinbaren sowie danach zu realisieren. Von der vorliegenden Publikation erhoffe ich mir daher vor allem eine Verstetigung und Intensivierung des Nachdenkens über die Zukunft des Flughafens Tempelhof, an dessen Ende ein konkretes Ergebnis stehen sollte.

Philipp Meuser

Politischer Zankapfel

Die Diskussion über die Schließung des Flughafens Tempelhof

Innerstädtische Flughäfen sind weltweit ein Politikum – zumal dann, wenn es um die Frage nach ihrer Zukunft geht. Tatsächlich stellt das Problem ihrer Nachnutzung für jeden Stadtplaner eine große Herausforderung dar. Denn in der Regel sind Flughäfen in Siedlungsgebieten eine gesundheitliche Belastung für die Anwohner und haben einen überwiegend negativen Einfluss auf das städtische Mikroklima. Dem steht gegenüber, dass sie aufgrund ihrer schnellen Erreichbarkeit einen wichtigen Standortvorteil im wirtschaftlichen Wettbewerb der Metropolen leisten. Dies bietet Zündstoff für eine leidenschaftliche Debatte.

Beleuchteter Vorgarten: Nord- und Südbahn in unmittelbarer Nähe der Neuköllner Wohnbebauung, Modell 1954

Zur Gründungszeit meist als Experimentierfeld am Stadtrand angelegt wurden die Flughäfen mit dem Wandel der Luftfahrt vom Sport zur Transportindustrie zu immer wichtigeren Arbeitgebern der Städte. Dies erfreute die Wirtschaft. Die ringsum dichter werdende Stadt sah sich jedoch mit einem zunehmenden Flugverkehr konfrontiert. Die negativen Folgen sind bis heute spürbar geblieben. Wohngebiete innerhalb der Einflugschneisen sind in der Gunst ihrer Bewohner meist unattraktiv und weisen oft hohe soziale Spannungen auf. Es ist daher kaum verwunderlich, das sich gegen den Flugbetrieb Bürgerinitiativen formieren. Ebenso vehement treten aber auch Befürworter einer Weiternutzung als city-naher Gelegenheits- und Geschäftsflughafen in der Öffentlichkeit auf. Für die laufende Debatte und die Vorbereitung der politischen Entscheidungen ist das zukünftige Mobilitätsverhalten von großer Bedeutung. Denn der Regionalflugverkehr konkurriert nicht nur in deutschen Ballungsräumen mit dem schienengebundenen Schnellbahnnetz.

Zwischen Stadt und Landschaft: Blick von Osten auf den Flughafen Tempelhof, 1999

Einige Städte haben sich in den vergangenen Jahren von ihren innerstädtischen Flughäfen verabschiedet, bestehende Airports an der Peripherie ausgebaut oder neue Luftverkehrskreuze im Umland errichtet. Die zweckorientierte Flughafenarchitektur erfährt dabei eine sehr unterschiedliche Bestimmung. Exemplarisch lässt sich dies an den beiden anderen deutschen Flughäfen nachzeichnen, die ab 1936 zeitgleich mit Tempelhof errichtet wurden. In München etwa wurde der Flughafen Riem zugunsten eines neuen Standortes im Erdinger Moos geschlossen. Die für das alte Flugfeld entwickelte Lösung, die zu je einem Drittel die Nachnutzung als Messestandort, Wohngebiet und Naherholungsfläche vorsieht, hat das Kapitel der Luftverkehrsgeschichte an diesem Ort beendet. Riem bleibt für immer aus den Flugkarten der Piloten gestrichen. Der Flughafen in Stuttgart-Echterdingen dagegen wird als Standort erhalten. Das alte Flughafengebäude muss allerdings einem Neubau weichen. Dasselbe Schicksal widerfährt dem 1929 fertiggestellten Flughafengebäude in Hamburg-Fuhlsbüttel. Auch dort entsteht in den kommenden Jahren an historischer Stelle ein zeitgenössischer Terminal. Tempelhof ist deshalb das älteste noch im Betrieb befindliche Flughafenensemble Deutschlands, das nahezu originalgetreu erhalten geblieben ist. Seit 1993 steht die Anlage unter Denkmalschutz.

Der Generationenwechsel auf deutschen Flughäfen lässt sich in eine Reihe internationaler Projekte einordnen. In Athen wird bis zum Jahr 2001 ein Flughafen an einem neuen Standort errichtet; in Amsterdam plant man bereits einen Neubau, der einige Kilometer vor der Küste entstehen soll. In der Nähe von Hongkong und Osaka sind diese Visionen bereits Realität geworden. Neue Flughafeninseln wurden im Meer aufgeschüttet, um die im Minutentakt einfliegenden Interkontinental-Jets aus dem innerstädtischen Luftraum verbannen zu können. Die international beachteten Projekte sind auch eine Folge der rasanten technischen Entwicklung im Luftverkehr, bei der immer wirtschaftlichere Großraumflugzeuge eine immer längere Startbahn erforderlich machen. Bei jährlichen Wachstumsraten von fünf bis zehn Prozent

Modernes Kinderglück: Planschbecken, Zelt und Jumbolino im Landeanflug, 1999

verdoppelt sich der Flugverkehr zudem innerhalb von sieben bis 14 Jahren. Dies stellt eine besondere Schwierigkeit für die Planer dar. Denn aufgrund einer langwierigen politischen Konsensfindung kann ein Flughafenneubau wie etwa in München bis zu dreißig Jahren in Anspruch nehmen. Andere europäische Staaten haben einen ähnlich langwierigen Vorlauf. Dabei konfligiert die Dauer der rechtlichen Planungsentscheidung häufig mit den kurzfristigen Dispositionen der Fluggesellschaften, die in der Regel nur auf zwei bis fünf Jahre ausgelegt sind. Die laufenden Planungen müssen deshalb immer wieder an die Prognosen für die quantitative Entwicklung von Starts und Landungen angepasst werden, die immerhin Schwankungen von bis zu einhundert Prozent pro Jahr unterliegen.

Nahezu überall wird der Flughafenneubau von einer Debatte über die Nachnutzung des alten Geländes begleitet. Nach Aufgabe der City-Airports sind die freien Flugfelder, die nun zu Filetgrundstücken geworden sind, einem hohen Investitionsdruck ausgesetzt. Dies geschieht nicht zuletzt aufgrund der hohen Grundstückswerte in zentrumsnahen Lagen. Von diesen stadtwirtschaftlichen Überlegungen sind auch die Planungen in Berlin geprägt. Hier gilt es, nach einem Ausbau des

Flughafens Schönefeld im Südosten der Stadt eine adäquate Nutzung für den Standort Tempelhof zu finden. Er soll nach der rechtskräftigen Planfeststellung für den Ausbau Schönefelds zum Single-Standort geschlossen werden. In der Geschichte des Flughafens Tempelhof wäre dies das dritte Mal – diesmal aufgrund der geplanten Bebauung in den Einflugschneisen wahrscheinlich endgültig.

Die Nutzung des Tempelhofer Feldes als innerstädtischer Flughafen ist begleitet von einem fortwährenden Wechsel zwischen Schließung und Wiedereröffnung. Innerhalb seiner über einhundertjährigen Geschichte war das einstige Fliegerfeld – 1883 wurden hier erste Flugversuche unternommen – immer wieder Opfer politischer Entscheidungen, die den Luftverkehr in Tempelhof einschränkten oder unmöglich machten. Kriegseinwirkungen und die Verwaltung Berlins durch die Alliierten ab 1945 führten zur ersten Schließung Tempelhofs für den zivilen Flugbetrieb. 1950 wurden die Passagierflüge wieder aufgenommen. Nach der endgültigen Teilung der Stadt und nach dem Ausbau der Abfertigungshalle begann für den in West-Berlin gelegenen Airport 1962 eine Ära, in der die Luftkorridore wie schon zu Zeiten der Luftbrücke zu Nabelschnüren der Metropole wurden. 1975 folgte die erneute Schließung Tempelhofs für die Zivilluftfahrt. Diesmal wurde der Betrieb auf dem zu klein gewordenen Flughafen zugunsten eines Neubaus in Tegel aufgegeben. Die neu entwickelten Düsenjets der Fluggesellschaften benötigten eine längere Start- und Landebahn, deren Ausbau in Tempelhof unmöglich war. Für die Anwohner begann eine kurze Zeit der Ruhe, da der letzte verbliebene Nutzer, das US-amerikanische Militär, nur wenige Starts und Landungen am Tage durchführte. Aber schon sieben Jahre später setzte der zivile Luftverkehr auf dem knapp zehn Autominuten von der City-West entfernten Zentralflughafen wieder ein. Die probeweisen Geschäftsflüge erzeugten eine hohe Nachfrage, so dass es nur wenige Monate dauerte, bis wieder regelmäßige Linienverbindungen mit der Destination *THF* angeboten wurden. West-Berlin hatte wieder zwei Flughäfen, die die Metropole mit dem übrigen Bundesgebiet verbanden.

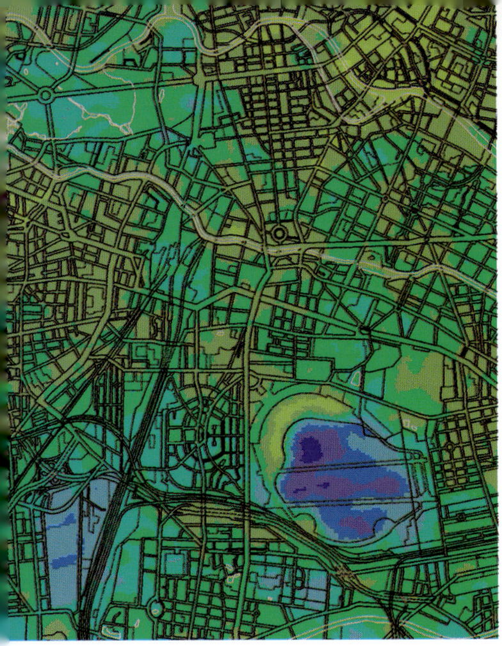

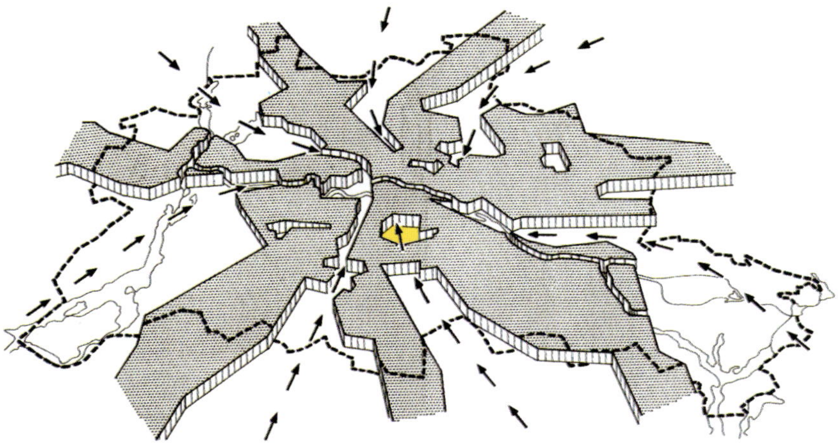

Seit der Wiedervereinigung und der Übertragung der Lufthoheit an deutsche Behörden dient Tempelhof wieder offiziell als Regionalflughafen mit einzelnen Verbindungen in das europäische Ausland. 1999 zählte die Flughafengesellschaft allerdings nur noch 842.556 abgefertigte Fluggäste in Tempelhof. Dies entspricht einem Rückgang der Passagierzahlen von knapp zehn Prozent gegenüber dem Vorjahr. Insgesamt konnte der Berliner Flugverkehr auf seinen drei Standorten im Jahr 1999 erstmals über zwölf Millionen Fluggäste zählen. Tegel ist mit einem Anteil von knapp achtzig Prozent aller Flugbewegungen in der Hauptstadt bereits heute an seinen Abfertigungskapazitäten angelangt. Dieser Trend dürfte sich in den kommenden Jahren noch verschärfen.

Stolz der Stadtklimatologen und Naturhaushälter:
Das Tempelhofer Flugfeld dient als Kühlschrank und Frischluftinsel im dichten Häusermeer.

Links:
Die Färbung zeigt die nächtliche Temperaturabsenkung auf dem Flugfeld (blau) gegenüber dem dicht bebauten Umfeld (grün).

Rechts:
Das Flugfeld (gelb) ist Teil einer Frischluftschneise, die sich von Süden kommend bis in die Innenstadt erstreckt.

Seit der Antrag auf Planfeststellung für den Bau des neuen Flughafens *Berlin Brandenburg International (BBI)* am 17. Dezember 1999 beim Brandenburgischen Landesamt für Verkehr und Straßenbau eingereicht wurde, ist die Schließung des Flughafens Tempelhof nur noch mit einem Vertragsbruch zu verhindern. Denn nach dem Konsensbeschluss der Flughafengesellschafter vom 28. Mai 1996 wird der Standort geschlossen, sobald die Planfeststellung gerichtlich überprüft und damit rechtskräftig ist. Inzwischen haben sich die Berliner Regierungsparteien CDU und SPD in ihrem aktuellen Koalitionsvertrag darauf verständigt, diese Frist für den Flugbetrieb in Tempelhof daran zu koppeln, dass die erforderlichen Kapazitäten des Berliner Flughafensystems bis zur Inbetriebnahme des Flughafens *Berlin Brandenburg International* gewährleistet sind. Der Flughafen Tegel soll danach erst mit dem Ausbau des Flughafens *BBI* im Jahre 2007 geschlossen werden. Dies ist auch als Reaktion auf die intensive Auseinandersetzung zwischen Befürwortern und Gegnern des innerstädtischen Flugverkehrs zu werten. Gleichwohl wird für viele Berliner und Berlin-Besucher in einigen Jahren ein neues Reisezeitalter in Schönefeld beginnen.

Die Berliner Flughafen-Debatte begleitet die Stadt bereits seit den frühen Neunzigerjahren. Bereits im Januar 1990 – zwei Monate nach dem Mauerfall – kündigten der damalige *Lufthansa*-Chef Heinz Ruhnau und der *Interflug*-General Klaus Henkes den Bau eines Großflughafens im Berliner Umland an. Die Suche nach einem geeigneten Standort setzte nach der Wiedervereinigung Deutschlands und der Gründung der *Berlin Brandenburg Flughafen Holding (BBF)* im Mai 1991 ein. Im Mai 1994 wurde schließlich das Raumordnungsverfahren für den Großflughafen eröffnet. Geprüft wurden die drei möglichen Standorte Schönefeld-Süd, Sperenberg und Jüterbog-Ost. Nach den Ergebnissen dieses Verfahrens fiel die Entscheidung im November 1994 zunächst für Sperenberg, im Mai 1996 jedoch endgültig für Schönefeld-Süd. Die Regierungen in Bonn, Berlin und Potsdam vereinbarten den Ausbau des bestehenden Flughafens – unter der Voraussetzung, dass die Standorte Tegel und Tempelhof geschlossen werden. Dies geschah wie seinerzeit in München vor dem Hintergrund, im anstehenden Genehmigungsverfahren die erforderlichen Kapazitäten für den neuen Großflughafen und damit die Notwendigkeit der Erweiterung nachweisen zu müssen. Zum Zeitpunkt der Entscheidung wies der Flughafen Schönefeld einen Anteil von 1,8 Millionen Passagieren auf. Dies entsprach lediglich 16 Prozent von allen in Berlin registrierten Fluggästen im Jahre 1996.

Zeitgleich zur Standort-Debatte wurde bereits ab 1991 an einer konkreten Nachnutzung des Flughafens Tempelhof gearbeitet. Dabei dienten auch Überlegungen als Grundlage, die Mitte der Achtzigerjahre im

Zusammenhang mit Planungen für den ‚Zentralen Bereich' angestellt wurden. Danach stellte das Tempelhofer Feld als „eigentümlicher innerer Freiraum der südlichen Bezirke ein unschätzbares innerstädtisches Geländereservoir" dar. Eine Teilbebauung sollte die beiden getrennten Stadtkörper von Neukölln und Tempelhof metaphorisch als Brücke verbinden. Schon damals wurde die These aufgestellt, dass der „Flughafen nach einer Wiedervereinigung obsolet wird." Die Planungen blieben jedoch abstrakt. Erst knapp sechs Jahre danach, also 1991, griffen die von der Senatsverwaltung für Bau- und Wohnungswesen beauftragten Gutachter Dieter Hoffmann-Axthelm und Bernhard Strecker die stadtentwicklungspolitische Leitlinie auf und planten eine Bebauung für das Tempelhofer Feld. Aufgrund der Stimmungen in der Stadt, die einen Zuwachs der Bewohner Berlins auf fünf Millionen Menschen im Jahr 2010 erwarten ließen, wurde das Gelände fast vollständig als dichtes Viertel mit einer Kapazität von 40.000 Wohnungen und fast 120.000 Bewohnern geplant. Aus der ursprünglichen Freiraum-Insel im Häusermeer sollte ein eigener Stadtteil werden. Das Areal sei prädestiniert, einen wesentlichen Teil des erforderlichen Wachstums Berlins aufzunehmen, hieß es in der Projekterläuterung.

Doch eine Erweiterung der nördlich angrenzenden Hasenheide – einem wichtigen Naherholungsgebiet des Bezirks Kreuzberg – um nur fünfzig Hektar erschien der Senatsverwaltung für Stadtentwicklung und Umweltschutz als zu gering. Im Zusammenhang mit dem Entwurf des Flächennutzungsplans für die Berliner Gesamtstadt wurden deshalb seit 1992 verschiedene Varianten für eine weniger dichte Bebauung entwickelt. Das Abgeordnetenhaus erteilte den Auftrag zur städtebaulichen Konkretisierung, die im September 1994 in einer gemeinsamen Planungsstudie der Architekturfirma *Hentrich, Petschnigg und Partner (HPP)* und dem Landschaftsarchitekturbüro *Seebauer, Wefers und Partner* mündete. Die so genannte ‚Vorzugsvariante' sah eine Bebauung außerhalb des ovalen Flugfeldes vor. Dies erfolgte nicht zuletzt vor dem Hintergrund, Flughafengebäude und Landepisten als städtebauliche Einheit erhalten zu können. Die Anzahl der Gebäude

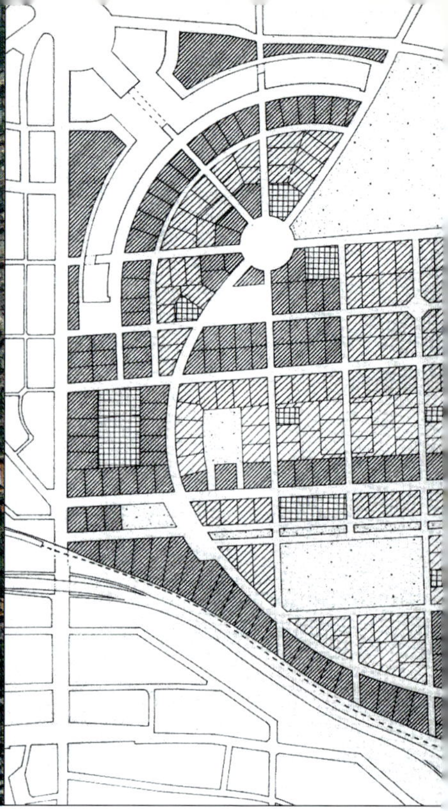

Senkrecht-Luftbild des Flughafens Tempelhof, 1998

Entwurf von Dieter Hoffmann-Axthelm und Bernhard Strecker für eine Bebauung des Tempelhofer Feldes, 1991

„Vorzugsvariante" des Senats nach einem Entwurf von Hentrich, Petschnigg und Partner (Städtebau) und Seebauer, Wefers & Partner (Landschaftsarchitektur), 1994

Maßstab 1:4.000

wurde gegenüber dem Gutachten aus dem Jahre 1991 deutlich reduziert. Das Bauprogramm sah nur noch Wohnungen für 17.000 Bewohner mit ebenso vielen Arbeitsplätzen vor. Der innere Park hatte nun eine Fläche von 170 Hektar.

Aber auch die zweite Planung für das Tempelhofer Feld fiel in den Gremien und Ausschüssen durch. Besonders der Städtebau-Beirat des damaligen Senators für Stadtentwicklung und Umweltschutz, Volker Hassemer, lehnte die ‚Vorzugsvariante' des Senats ab. Unter Leitung des ehemaligen Stadtbaurates von Hannover, Hanns Adrian, geriet in einem internen Entwurfsworkshop 1995 die monumentale Geste des Entwurfs in die Schusslinie der Kritik. Der geplante ovale Freiraum verstärke den Machtanspruch, der von dem ohnehin gigantischen Gebäude ausgehe. Stattdessen solle der Torso des Flughafengebäudes weiterentwickelt und überformt werden. Zudem müssten die behördlichen Nutzungen aus dem nationalsozialistischen Gebäude umgesiedelt werden, um den Gebäudekomplex zu ‚zivilisieren'. Der Beirat betonte darüber hinaus die Notwendigkeit einer langfristigen Entwicklungsstrategie, die die Gestaltung des Freiraums als oberstes Ziel haben müsse.

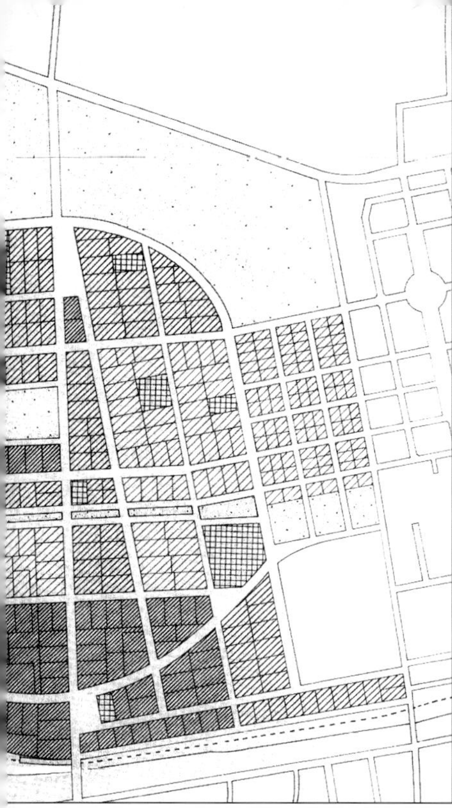

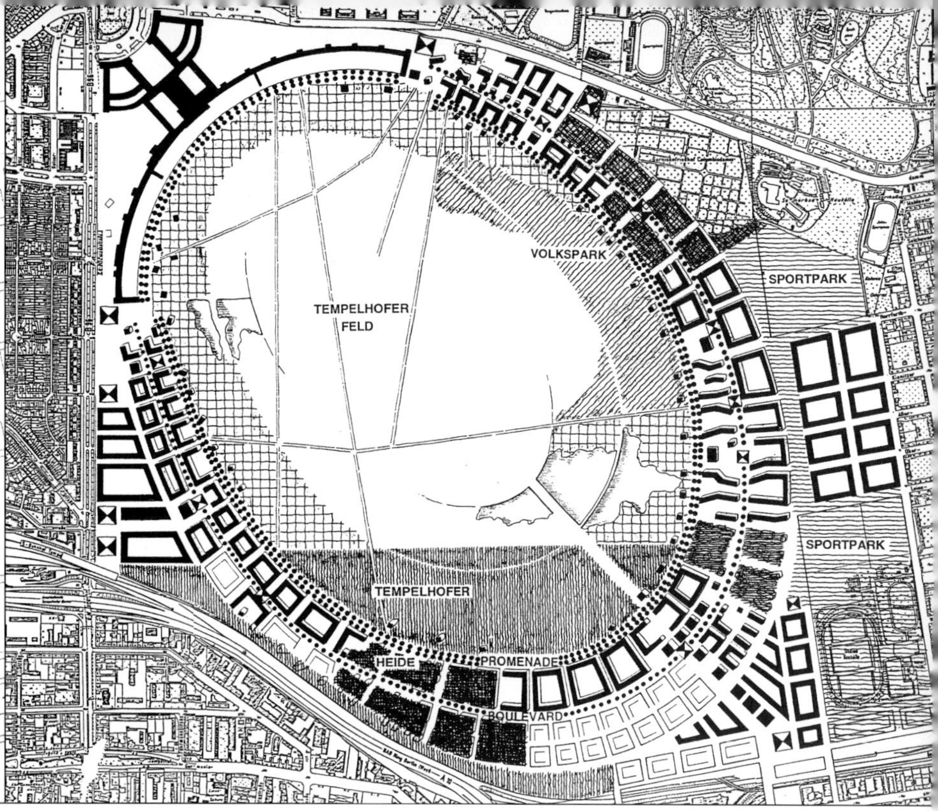

Die Berliner Standortdebatte ging derweil in ihre Endphase. Bereits ein halbes Jahr nach dem Konsensbeschluss tagte der Städtebau-Beirat, der sich nach Amtsübergabe von Volker Hassemer an Peter Strieder erstmals wieder mit dem Flughafen Tempelhof befasste. Das Planer- und Architektengremium erteilte einer „stark eingreifenden Bebauung" eine Absage und formulierte erstmals den Begriff eines ‚Parks der Luftbrücke'. Während das Flughafengebäude verschiedenen Nutzungen zu den Themen Fliegen, Reisen und Technologie aufnehmen solle, dürfe die Identität des Tempelhofer Feldes nicht aufgegeben werden. Zudem sei die Freifläche niemals bewusst in die Stadtplanung integriert gewesen, wie etwa der *Central Park* in New York. Die Besonderheit, dass die Stadt um das Feld herum entstanden ist, solle auch mit der Öffnung des Areals und seinem Wandel zu einem öffentlichen Park nicht aufgehoben werden. Der Beirat regte bereits 1997 in einer zweiten Empfehlung den Bau einer Straße an, die „an dem Rand des Parks entlangführt".

Währenddessen berief die Senatsverwaltung eine Zukunftswerkstatt ein, die sich mit dem Flughafen Tempelhof im Jahre 2020 auseinandersetzte. Da langfristige Planungen nie genau realisiert werden können, wurde im Oktober 1998 mit methodischer Unterstützung der *Forschungsgruppe Gesellschaft und Technik* der *DaimlerChrysler AG* eine so genannte Szenario-Technik eingeführt. Vier unterschiedliche Zukunftsbilder, die aus heutiger Sicht plausibel erscheinen, sollten die Bandbreite möglicher Zustände ermitteln. Auf Grundlage von Merkmalen, die unter anderem das Freizeitverhalten, die Erwerbstätigkeit oder die Wirtschaftskraft berücksichtigten, wurden auf Berlin die Eigenschaften einer innovativen, einer prosperierenden, einer armen und einer Metropole in Randlage projiziert. Die sehr stark voneinander abweichenden und abstrakten Zukunftsbilder wiesen jedoch für weitere Planungen drei interessante Übereinstimmungen auf. Zunächst schien eine schnelle städtebauliche Parzellierung und Nutzung des Flugfeldes wenig sinnvoll. Berlin zöge zudem einen großen Nutzen daraus, wenn die Besonderheit des Standortes mit seinen Funktionen als Flughafen und Schauplatz der Luftfahrtgeschichte unterstrichen oder bekräftigt würde. Schließlich seien die Offenheit in der Nutzung sowie eine Entwicklung in kleinen Schritten am ehesten zukunftssicher. Damit waren die wesentlichen Parameter für das weitere Vorgehen formuliert.

Die seit 1991 kontinuierlich beauftragten Gutachten und durchgeführten Workshops mündeten im Mai 1999 in einem konkreten Entwurf, dem ‚Park der Luftbrücke'. Die Planung, die mit Unterstützung des Zürcher Landschaftsarchitekturbüros *Kienast Vogt Partner* und des Potsdamer Architekturprofessors Bernd Albers erstellt wurde, basiert im Wesentlichen auf den Empfehlungen des Beirates für Städtebau und Stadtgestaltung. Die Idee eines großen Ovals, wie es das HPP-Gutachten noch 1994 vorsah, ist zugunsten eines Ringboulevards aufgegeben worden, der den Verlauf der äußeren Rollbahnen nachzeichnet. Über diesen Ringboulevard werden verschiedene Nutzungen erschlossen, die mit den angrenzenden Stadtteilen verflochten werden. Das ehemalige Flugfeld erhält den Charakter eines Wiesenmeeres; der monumentale Bau wird mit einer angrenzenden Hoch- sowie Reihenhausbebauung in seiner Größe relativiert.

Auch die Stadtklimatologen unterstützen die weitgehende Freihaltung dieser wichtigen Kaltluftschneise. Denn das über 300 Hektar umfassende Tempelhofer Feld stellt für den Klimahaushalt der Innenstadt einen besonderen Wert dar. Es ist noch mehr als der Tiergarten ein so genanntes Kaltluft-Entstehungsgebiet, das während der Nacht wie ein Kühlschrank für die überhitzten Stadtteile in der dicht bebauten Umgebung wirkt. Auf dem wiesenartigen Flughafengelände sind vor allem die hohen täglichen Temperaturdifferenzen zwischen April und Oktober markant. Dies macht sich im Sommer bemerkbar, indem bei austauscharmen Wetterlagen durch die aufsteigenden Warmluftmassen kühlere Luft aus dem südlichen Umland in die Innenstadt geführt wird. In der Nacht kühlt die Ebene auf Temperaturwerte ab, die in etwa denen des Brandenburgischen Umlandes entsprechen. Für einen Flughafen ist dies eine ungewöhnlich positive Eigenschaft, sind doch die kaum vermeidbaren Belastungen durch Kerosin und Lärm alles andere als umweltschonend. Aber letztlich zeigt sich darin das klimawirksame Potenzial, dass in dem Gelände nach Aufgabe des Flugbetriebes bei gleichzeitiger baulicher Freihaltung des Flugfeldes steckt.

Ziel einer zukünftigen Planung ist mindestens der Erhalt und die Steigerung dieser klimatischen Wirkung für die Berliner Innenstadt. Auf eine Bebauung an den Übergängen des Flugfeldes zu den angrenzenden Stadtteilen wird man aus stadtwirtschaftlichen Überlegungen allerdings kaum verzichten können. Der Bund und das Land Berlin als Eigentümer haben aufgrund der angespannten Finanzsituation der öffentlichen Haushalte ein nachvollziehbares Interesse an einer gewinnbringenden Vermarktung von Teilen des gesamten Grundstücks. Der bisherige Flächennutzungsplan sieht in seiner aktuellen Fassung knapp vierzig Prozent als Bauland vor. Bei einer Freihaltung des Innenbereiches für den ‚Park der Luftbrücke', wie es die neue Planung vorsieht, würde sich diese Fläche lediglich um fünf Prozent reduzieren. Gewonnen wäre damit ein zusätzlicher Freiraum, der sieben mal so groß wie das Areal um Potsdamer und Leipziger Platz ist. Mit dem Erlös aus dem Verkauf der attraktiven Baugrundstücke, die sich kranz-

Kein Durchblick: Sichtschutzwand westlich der Abfertigungshalle, 1999

artig um den Park schließen, könnte die Infrastruktur des gesamten Bereiches finanziert werden. Die Umwandlung des Flughafens in einen Park würde nach derzeitigen Berechnungen etwa 100 Millionen Euro kosten. Der Verkauf von Grundstücken könnte langfristig etwa 500 Millionen Euro einbringen. Nach Aufteilung des Gewinns mit dem Bund als Miteigentümer könnte ein Teil des Erlöses damit auch zur weiteren Konsolidierung des Berliner Landeshaushalts eingesetzt werden.

Die Umwidmung von Flugfeld und Gebäude für städtische Funktionen stellt für Berlin aber keineswegs nur einen finanziellen Gewinn dar. Das Areal, das lediglich zwei Landebahnlängen vom neuen Regierungsviertel im Spreebogen entfernt liegt, hat die Dimension der Friedrichstadt zwischen Mehringplatz, Brandenburger Tor und Schlossplatz – und ist gemessen an seiner Fläche die größte innenstadtentwicklungspolitische Herausforderung des begonnenen 21. Jahrhunderts. Doch was für die einen nur eine Plage aus Lärm und Kerosin darstelle, sei, wie es der ehemalige Stadtentwicklungssenator Volker Hassemer einmal formulierte, für viele immer noch ein mythischer Ort von Abschied und Ankunft. Der legendäre Charakter des Flughafens stammt zweifelsohne aus seiner unmittelbaren Nachkriegsgeschichte, als das vom sowjetischen Militär blockierte

Letzte Ankunft 21.40 Uhr: Haupteingang zu abendlicher Stunde, 1999

Berlin mehr als ein Jahr über die Luftbrücke versorgt wurde. Zudem verfügt keine andere europäische Hauptstadt über einen derart zentral gelegenen Flughafen. Selbst der *London City Airport* im Osten der Stadt ist vom Zentrum mit elf Kilometern Luftlinie fast genauso weit entfernt wie der Flughafen Schönefeld vom Alexanderplatz. Hier beträgt die direkte Entfernung lediglich 15 Kilometer.

Mit dem geplanten Ausbau Schönefelds ist die Entscheidung für einen stadtnahen Standort gefallen. Auch wenn dies aus heutiger Sicht kein Planungsziel ist, wird der neue Luftverkehrsknoten in zwanzig bis dreißig Jahren aufgrund seiner wirtschaftlichen und baulichen Sogwirkung vermutlich zu einem innerstädtischen Flughafen geworden sein. Befürchtungen vor einem ‚München-Syndrom', wo eine Fahrt von der Innenstadt bis zum Flughafen mehr Zeit in Anspruch nehmen kann als die Flugdauer in eine andere deutsche Stadt, werden sich in Berlin wohl nicht bewahrheiten. Aber auch die Fliegerei, der Genius Loci in Tempelhof schlechthin, wird nicht ganz verschwinden. Schließlich wurde im Herzen der Hauptstadt immer auch deutsche Luftverkehrsgeschichte geschrieben. Im Gebäude wir dieser Geist weiterleben – ganz gleich, welcher Nutzung der Flughafen zugeführt wird.

Unvollendete Utopie

Die Geschichte des Berliner Zentralflughafens

Visionäre Flughafenarchitektur: Bereits 1914 skizzierte Erich Mendelsohn einen Hangar für die neuen Himmelsstürmer.

Wer den dichten Berliner Häuserdschungel durchforstet und die Lichtung am Tempelhofer Feld erreicht, scheint an das Ende der Stadt gelangt zu sein. Soweit das Auge reicht, eröffnet sich eine scheinbar unendliche Ebene mit eigenem Horizont. Inmitten einer Metropole existiert hier ein Ort, an dem kein Kirchturm, kein Hochhaus den Blick in die Weite versperrt. Das Flugfeld in Tempelhof vereint die Eigenschaften eines Binnenmeeres mit der Sehnsucht nach Ferne. Seit über achtzig Jahren ist Tempelhof ein Ort des Ankommens und Abreisens. Hier wurde Luftfahrtgeschichte geschrieben, deren Mythos sowohl im Gebäude als auch auf dem Flugfeld weiterlebt.

Der Flughafenbau war nach seiner Errichtung das größte zusammenhängende Gebäude der Welt. Noch heute beansprucht er mit seinen über 300.000 Quadratmetern Bruttogeschossfläche neben den *Petronas Towers* in Kuala Lumpur, dem *World Trade Center* in New York, dem *Pentagon* in Washington und dem *NASA Space Center* in Houston/ Texas einen Eintrag im Guiness-Buch. Während der Zeit der NS-Diktatur als östlicher Abzweig der von Albert Speer projektierten monumentalen Nord-Süd-Achse geplant und mit großer Kraftanstrengung realisiert – immer wieder kam es während der Kriegsjahre zu Materialengpässen –, wurde der neue Flughafen erst von den Alliierten nach 1945 in Betrieb genommen. Wenn auch die erwähnte Achse niemals verwirklicht wurde, so hat doch das Dritte Reich im Berliner Stadtbild deutliche Spuren hinterlassen. Zu den größten und bedeutendsten Anlagen gehören neben dem Flughafen Tempelhof die ehemalige Reichsbank (seit 1999 vom Auswärtigen Amt genutzt), das ehemalige Reichsluftfahrtministerium (seit 1999 vom Bundesfinanzministerium genutzt) sowie das Olympiastadion in Charlottenburg mit dem Reichssportfeld und der Waldbühne.

Erst kurz nach dem Mauerbau wurde die Abfertigungshalle ihrem Zweck übergeben, Aufnahme 1962

Das Tempelhofer Feld ist im Laufe der Berliner Stadtentwicklung nie bebaut worden. Seit 1828 wurde es ortsansässigen Bauern vom Preußischen Staat zur Nutzung als Exerzier- und Paradeplatz abgekauft. Fortan dominierte das Militär mit seinen Truppenübungen und Veranstaltungen. Die ebenfalls dort gelegene Pferderennbahn, die erst 1867 nach Hoppegarten verlegt wurde, zählte an den Wochenenden begeisterte Zuschauer. Die grüne Ebene in der schnell wachsenden Stadt galt als beliebtes Ausflugsziel für alle gesellschaftlichen Schichten. Vor allem nach Gründung des Deutschen Reichs 1871 diente das letzte große Freigelände in der Innenstadt einer immer wichtiger werdenden Stadthygiene. Das Areal wurde aufgrund von ‚volksbiologischen' Überlegungen für die Bevölkerung freigehalten.

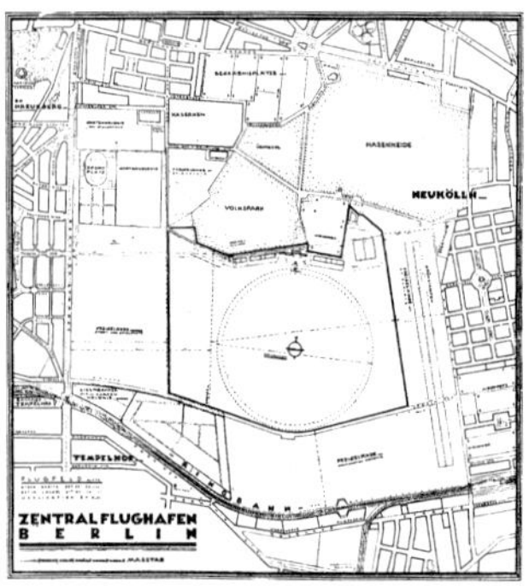

Geländeplan des Berliner Zentralflughafens, 1925

Seit den Achtzigerjahren des 19. Jahrhunderts war das Feld wiederholt Schauplatz flugtechnischer Experimente, zunächst mit Ballons, später dann mit Luftschiffen. Auf diese Weise entwickelte sich hier, inmitten der Stadt, ein Ort mit zukunftsweisendem Charakter. Nachdem 1907 der amerikanische Luftfahrt-Pionier Orwille Wright gesteuerte Motorflüge vorgeführt hatte, unternahm der Ansiedlungsverein Groß-Berlin in einer Flugschrift mit dem Titel *Tempelhofer Feld und Volkswohl* einen Vorstoß mit dem Vorschlag, das ganze Areal für gesamtstädtische Bedürfnisse zu verwenden. Das Gelände sei für Ausstellungszwecke und große öffentliche Volksfeste geradezu prädestiniert. „Was dem Münchner seine Theresienwiese ist, das müsste dem Berliner das Tempelhofer Feld sein. Auch für Zwecke der Luftschifffahrt kann es sich einmal als unschätzbar erweisen." Auch in den Reihen der bereits in Luftschiff-Gesellschaften organisierten Flieger gab es erste Überlegungen im Hinblick auf die Einrichtung eines Flugplatzes an diesem Ort.

Solcherlei Pläne konkurrierten jedoch mit denen des Militärfiskus und der Gemeinde, das Tempelhofer Feld als Wohnungsbauland zu verwerten. Obwohl Orville Wright auf Einladung des *Berliner Lokal-Anzeigers* und der Franzose Armand Zipfel auf Einladung des Kaufhauses *Wert-*

Bei Einweihung bereits zu klein: Vorgängerbau des Flughafens Tempelhof, 1929

heim im September 1909 tausende Berliner mit ihren Doppeldeckern und Luftschrauben begeisterten, wurde der Verkauf des westlichen Tempelhofer Feldes an Grundstücksspekulanten besiegelt. Kurze Zeit später erfolgte anlässlich der Herbstflugwoche die Eröffnung des Flughafens Johannisthal. Die *Tempelhofer Feld-Aktiengesellschaft für Grundstücksverwertung*, an der neben der Deutschen Bank auch andere große Geldinstitute beteiligt waren, musste allerdings einen derart überhöhten Preis zahlen, dass die ursprüngliche Idee einer zweigeschossigen Siedlung mit großzügigen Grünflächen aufgegeben wurde. Berliner Tageszeitungen sprachen bereits vom „größten Grundstücksgeschäft der Welt".

Der Architekt und Städtebautheoretiker Martin Mächler, der 1909 als einer der Ersten in einem Flugzeug der Wrights sein Piloten-Examen ablegte, versuchte, sich mit einer Eingabe beim Magistrat Gehör zu verschaffen. Mit seinem Antrag zur ‚Verwendung des Tempelhofer Feldes als Flugfeld' kritisierte er indirekt die bevorstehende Bebauung, für die Hermann Jansen im ‚Wettbewerbsplan für Großberlin' eine dichte städtebauliche Blockstruktur mit Grüngürtel entworfen hatte. Doch Planung und Finanzierung waren bereits so weit vorangeschritten, dass der Großspekulant und Direktor der neu gegründeten Verwertungsgesellschaft, Georg Haberland, 1910 einen weiteren Wettbewerb auslobte. Aus ihm ging Fritz Bräuning als Sieger hervor, der auch mit der Ausführungsplanung betraut wurde. Der Erste Weltkrieg führte jedoch zu einer Verzögerung der Bauarbeiten. Der überwiegende Teil des Entwurfes – der Bauherr gab die dichte Blockbebauung zugunsten einer lockeren Gartenstadt auf – wurde daher erst in den frühen Zwanzigerjahren realisiert.

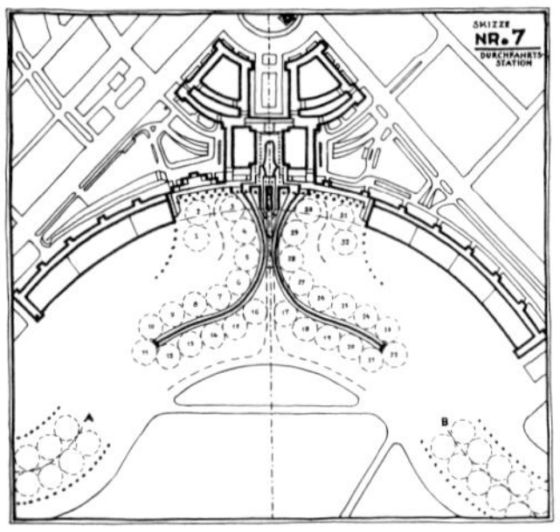

Erweiterungsvariante des Flughafens Tempelhof: unrealisierter Entwurf des Architekten Heinrich Kosina, 1953

Die geringe öffentliche Bautätigkeit in den unmittelbaren Nachkriegsjahren – eine Folge der durch den Versailler Vertrag auferlegten Reparationszahlungen – machte eine Debatte über die mögliche Wohnnutzung des restlichen Tempelhofer Feldes unmöglich. Es kam lediglich zu einer temporären Bebauung aus Holz und Rabitz: 1920 drehte hier Paul Wegener Szenen für seinen weltberühmten Stummfilm ‚Der Golem – wie er auf die Welt kam'. Die von dem Architekten Hans Poelzig entworfene Kulissenstadt, die das Prager Getto darstellt, wird nach den Dreharbeiten wieder abgerissen. Eine mögliche Stadterweiterung auf dem Exerzierfeld, das durch die im Versailler Vertrag vereinbarte Abrüstung des Militärs nun viel zu groß war, wurde auch weiterhin nicht in Erwägung gezogen. Stattdessen drängte der Berliner Stadtbaurat für das Verkehrswesen, Leonhard Adler – nach 1933 Leiter des Verkehrswesens der Stadt Mailand –, auf die Errichtung eines Zentralflughafens, um die provisorischen Standorte im innenstadtfernen Johannisthal und in Staaken aufgeben zu können. Bereits 1922 ebneten Bauarbeiter einen Teil des Geländes ein und bauten zwei Rollfelder. Am 8. Oktober 1923 war es soweit: Der Flughafen Tempelhof wurde mit vorläufiger Genehmigung des Reichsverkehrsministeriums eröffnet. Innerhalb der ersten drei Monate verzeichnete der Flughafen einhundert Starts und Landungen.

Ein halbes Jahr später nahm die *Berliner Flughafengesellschaft (BFG)* unter dem Vorsitz von Leonhard Adler ihre Arbeit auf. Zu ihren ersten Aufgaben gehörte der Bau von drei Flugzeughallen mit entsprechen-

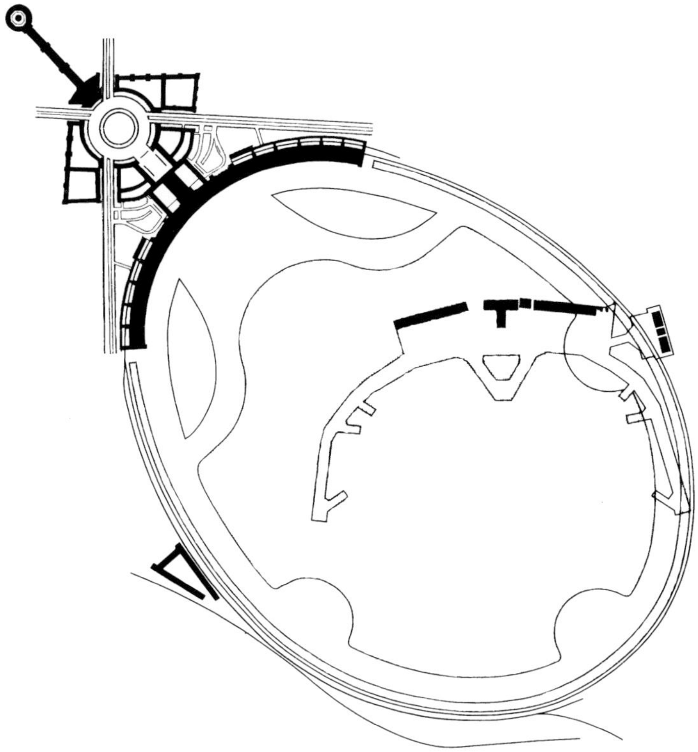

der Infrastruktur. Ein Jahr nach Gründung lobte die BFG 1925 einen Wettbewerb für ein Abfertigungsgebäude aus, aus dem Paul und Klaus Engler als Sieger hervorgingen. Ihr in den Jahren 1925 bis 1929 realisiertes Abfertigungsgebäude, ein mit Klinker verkleideter Stahlskelettbau, bildete mit den 1924/25 errichteten Flugzeughallen von Paul Mahlberg und Heinrich Kosina ein Architektur-Ensemble der Neuen Sachlichkeit, dessen Kurzlebigkeit für vorausschauende Zeitgenossen allerdings schon zur Entstehungszeit absehbar war. Werner Hegemann, Berlins schärfster Architekturkritiker der Zwanzigerjahre, merkte bereits kurz nach Bekanntgabe des Wettbewerbsergebnisses mit der ihm eigenen Süffisanz an, dass es sich hierbei nur um „als Provisorien zu errichtende Neubauten des Flughafens handeln" könne.

Kleiderbügel, überdimensioniertes Ei oder Adler mit großen Schwingen: Der Grundriss für Ernst Sagebiels Neuplanung beflügelte die Phantasie von Presse und Propaganda.
Die Abbildung im Maßstab 1:4.000 zeigt die ursprüngliche Absicht, den Gebäudekomplex im Nordwesten bis zum Kreuzberg-Denkmal auszudehnen. Auf dem Flugfeld ist noch deutlich der alte Flughafen zu erkennen, der erst nach 1945 abgerissen wurde.

Der Publizist sollte Recht behalten. Denn schon damals wurde die Flughafenarchitektur von der rasanten Entwicklung des Luftverkehrs und der Flugzeug-Technologie überholt. Als die Anlage 1929 mit allen Funktionen ausgestattet war, lagen die Fluggastzahlen inzwischen weit über den zuvor berechneten Kapazitäten. Längst war Berlin-Tempelhof ein weltbekannter Flughafen, nicht nur als Ort der Flugpioniere, von dem Jungfernflüge nach Südamerika, China, New York und Afrika

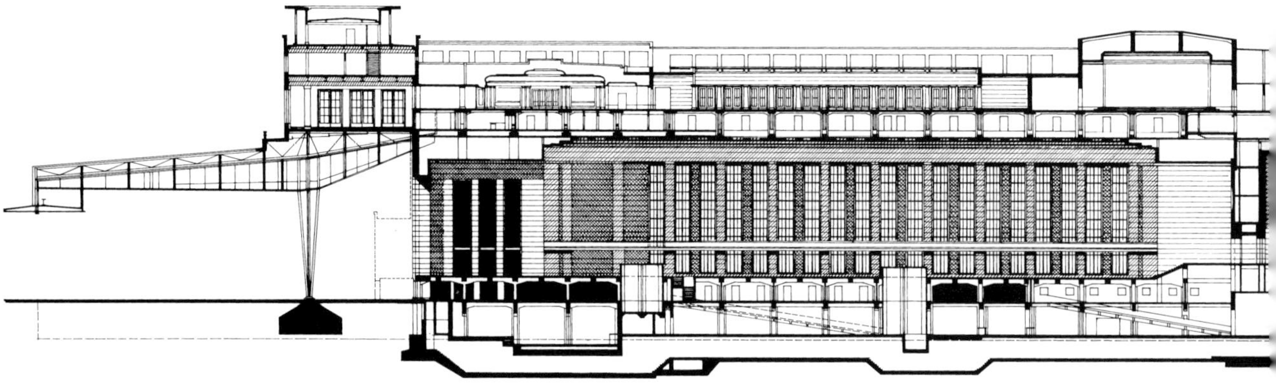

Schnitt durch den Flugsteig, die Abfertigungshalle und den vorgelagerten Ehrenhof, Maßstab 1:1.000

starten, sondern auch als Verkehrsknotenpunkt. Denn vor allem in Deutschland hatte sich das Flugzeug als ziviler Verkehrsträger durchgesetzt. Man zählte allein 1927 über 150.000 Passagiere; in England waren es dagegen nur 19.000 Fluggäste. 1929 tagte zum ersten Mal die Flugplankonferenz der *International Air Transport Association (IATA)* in Berlin und begründete die internationale Zusammenarbeit bei der Koordination der Sommer- und Winterflugpläne. Der Luftverkehr gehörte in jenen Jahren zu den größten Wachstumsbranchen.

Die rasante Zunahme des Flugverkehrs und die Machtübernahme der Nationalsozialisten führten bereits im Sommer 1933 zu ersten Überlegungen, den Flughafen Tempelhof zu vergrößern. Hitler selbst griff in die städtebaulichen Entwürfe ein und forderte eine Verbindung zur geplanten Nord-Süd-Achse. Als bauliche Demonstration des nationalsozialistischen Herrschaftsanspruchs genoss das Prestige-Objekt fortan höchste Priorität. Schon im Jahr 1935 erhielt Ernst Sagebiel, Büroleiter des zwei Jahre zuvor emigrierten Erich Mendelsohn, den Auftrag für den „größten Flughafen der Welt". Das neue Flughafengebäude, für das es international keine Vorbilder gab, sollte laut Vorgaben des Bauherrn Kapazitäten für jährlich sechs Millionen Passagiere aufweisen; im Jahr der Auftragserteilung zählte die Flughafengesellschaft in Tempelhof allerdings erst 200.000 Fluggäste. Auch wenn das Bauwerk damit reichlich überdimensioniert ausfiel und mehr imponieren als der nachfragegerechten Abfertigung der Reisenden dienen sollte, manifestierten sich in dem Großbauwerk die Prognosen für einen rasanten Bedeutungszuwachs des Luftverkehrs.

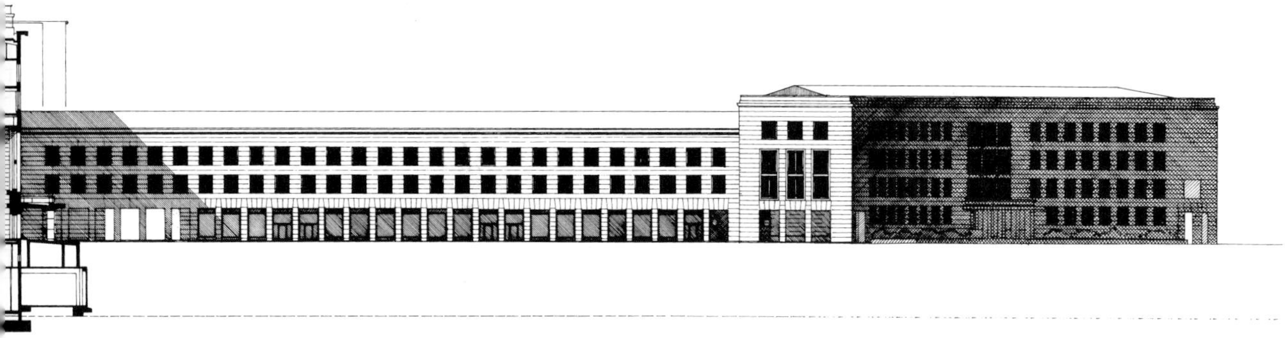

Sagebiels Karrieresprung vom Angestellten eines erfolgreichen Büros zu einem der maßgebenden Architekten des Dritten Reiches ist symptomatisch für die Dreißigerjahre. Immer mehr jüdische Bürger flüchteten aus dem Deutschen Reich und hinterließen schmerzhafte Lücken in Kultur und Wirtschaft. Mit der Emigration Mendelsohns nach England ging der deutschen Architektur ein einflussreicher Visionär verloren. Bereits 1914 hatte er, lange bevor ein erster Flughafenbau überhaupt errichtet worden war, mit diesem völlig neuen Bautypus experimentiert. Seine dynamischen Skizzen sollten jedoch niemals Realität werden. Mit Sagebiel übernahm ein Parteigünstling den Posten seines ehemaligen Chefs. Sein Aufstieg war kometengleich: 1934 erhielt er den Auftrag zur Errichtung des Reichsluftfahrtministeriums, ein Jahr später für das Projekt in Tempelhof. Flughafenplanungen in München, Stuttgart und Wien folgten. Sagebiel avancierte zu einem der meistbeschäftigten Architekten in Nazi-Deutschland.

Die städtebauliche Idee bestand darin, den Flughafen im Nordwesten des freien Areals in unmittelbarer Nähe zum U-Bahnhof zu errichten. Damit wurde die verkehrstechnische Erreichbarkeit entscheidend verbessert. Als dominantes Element im Stadtraum sah Sagebiel eine nahezu geschlossene Rundbebauung als Scharnier zwischen Stadt und Flughafenanlage vor – den heutigen Platz der Luftbrücke. Der Grundriss zeichnet die Form eines überdimensionierten Kleiderbügels nach, der am nahen Kreuzberg gleichsam aufgehängt zu sein scheint und sich mit einem großen Bogen nach Südosten zum Flugfeld öffnet. In dieser Konsequenz ist der Entwurf jedoch nie fertiggestellt worden.

Die terrassierte Kreuzberg-Achse, der kreisförmige See in der Mitte des Platzes und ein letztes Viertel der umgebenden Bebauung fielen den Sparzwängen zum Opfer. Die städtebauliche Einordnung des Flughafens Tempelhof blieb ein Rudiment.

Bei der architektonischen Gestaltung entwickelte Sagebiel einen weitverzweigten Gebäudekomplex, der eine repräsentative Fassade zur Stadtseite und eine funktionale Fassade zum Flugfeld aufweist. Vor allem der knapp vierhundert Meter lange stützenfreie Flugsteig mit seinem fünfzig Meter auskragenden Dach ist eine konstruktive Meisterleistung. Die gesamte Länge des Monumentalbauwerks beträgt mit den sieben weiteren Flugzeug- und Werkstatthallen insgesamt über 1,2 Kilometer. Sagebiel hat den Horizont des weiten Flugfeldes in der Gebäudeform aufgegriffen und somit die als Oval angelegte Gesamtanlage geschlossen. Da die Architektur der Dreißigerjahre von einprägsamen Grundrissbildern wie etwa dem ‚Tempelhofer Adler' – die weiten Schwingen des Flughafens evozieren dieses Bild – geprägt ist, traten funktionale Defizite erst nach der Inbetriebnahme in Erscheinung: Vor allem die konkave Form des Flugsteigs führt bei dichtem Verkehr zu gegenseitigen Behinderungen auf dem Vorfeld. So wurde Tempelhof trotz seiner modernen Passagier- und Gepäcklogistik, die ein schnelles Abfertigen der Reisenden und die Ausgabe des Reisegepäcks binnen weniger Minuten nach Landung ermöglicht, für Flughafenbauten der Nachkriegszeit zum negativen Lehrbeispiel. Da die Flugzeuge immer größer wurden, entwickelten die Architekten zunehmend runde oder konvexe Grundrissformen, die die Versorgung von mehr Maschinen auf kleinstmöglicher Fassadenbreite ermöglichten und damit die Gebäude wirtschaftlicher machten.

Architektur-Collage
mit seltenem Charme:
In der Abfertigungshalle treffen monumentale Säulen der Dreißigerjahre auf die Sachlichkeit der Sechzigerjahre,
1999

Die äußere Gestalt der insgesamt 49 Bauteile entspricht dem monumentalen und steinernen Gestus der nationalsozialistischen Ideologie. Sie stellt jedoch keine Erfindung der neuen Machthaber dar, sondern schreibt vielmehr die bereits in den Zwanzigerjahren starke Strömung einer traditionalistischen Baukunst fort. Kennzeichen dieser Architek-

Gepäckausgabe und Oldtimer: Abfertigungshalle im heutigen Zustand, 1999

tur sind unter anderem die mit Naturstein verkleideten Fassaden, die formale Betonung von Wandöffnungen sowie – vor allem nach 1933 – überdimensionierte Ehrenhöfe und Hallen. Die von der Architektur ausgehende monumentale Wirkung führte dazu, dass das Flughafengebäude während des Dritten Reichs immer wieder als einschüchternde Kulisse für Partei-Veranstaltungen genutzt wurde. Wenn auch der ‚Erfolg' solcher Massenpropaganda die Nationalsozialisten lediglich in ihrer selbstverherrlichenden Großmaßstäblichkeit bestärkte, so bleibt doch die baukünstlerische und ingenieurtechnische Qualität des Tempelhofer Flughafens unbestritten.

Als bauhistorischer Vorläufer des Gebäudes gilt die in den Jahren 1928 bis 1930 von Hans Poelzig in Frankfurt am Main realisierte Zentralverwaltung der *IG Farben AG*. Das mit Travertin verkleidete Bürohaus ist über 250 Meter lang und steht auf leicht gekrümmtem Grundriss. Die inneren Flure, die der Gebäudelänge entsprechen, prägen die innere Raumaufteilung. Alle fünfzig Meter docken Treppenhäuser an den kammartigen Riegel an. Zur Bauzeit galt die siebengeschossige Bürobastion als größter Bauauftrag in der Weimarer Republik. Das Motiv des langgestreckten Riegels mit seitlichen Erschließungstürmen dürfte neben dem Flughafen Tempelhof auch für die *KdF*-Ferienstadt in Prora auf der Insel Rügen Pate gestanden haben. Auf ähnliche Weise, wie Sagebiel die Weite des Flugfeldes in der langgestreckten Gebäudeform aufgreift, plante der Kölner Architekt Clemens Klotz eine fünf Kilometer lange Hotelanlage am Strand des Prorer Wiek, eine gigantische Horizontallinie in Beton und Naturstein. Im Abstand von fünfzig Metern rhythmisieren kombinierte Treppen- und Sanitärhäuser die jeweils 500 Meter messenden Einzelriegel. In der architektonischen Ausformulierung huldigt der Komplex noch dem *Neuen Bauen* der Zwanzigerjahre. Auf neoklassizistische Details verzichtete das Parteimitglied Klotz. Sowohl in Prora als auch in Tempelhof wurde die Idee eines gigantischen Raumteilers zwischen weiter Ebene und dichtem Hinterland konsequent umgesetzt. Das Individuum schrumpft auf Ameisen-Dimension. Erst Großveranstaltungen hätten die Größe der Architektur relativiert. Doch da die Bautrupps bei beiden Projekten vorzeitig abgezogen wurden, überdauerten die Mammutprojekte den Krieg als Torso. Weder wurde in Prora eine Kongresshalle für 20.000 Gäste realisiert, noch kam es in Tempelhof zur Fertigstellung der Tribünen auf dem Dach des Flugsteigs, wo bis zu 80.000 Schaulustige bei Flugveranstaltungen hätten Platz nehmen können.

Filigranes Glasdach: Entwurfsvariante von Ernst Sagebiel für die Abfertigungshalle, 1940

Am großen Maßstab in der Architektur experimentierten in jenen Jahren auch andere Architekten, die in ihrer politischen Ausrichtung ganz und gar nicht den nationalsozialistischen Ideen verfallen waren. Auffallend dabei war, dass die zunehmende Mobilität und eine breite Motorisierung der Bevölkerung entscheidenden Einfluss auf die Entwürfe nahmen. Der Bauhaus-Lehrer Ludwig Hilberseimer etwa hatte schon 1924 den Vorläufer der autogerechten Stadt entworfen. Für seine utopische ‚Hochhausstadt' sah der Städtebauer Verkehrsschneisen in der Breite eines Fußballfeldes vor. Auch der Propagandist Le Corbusier, der gleich drei Bücher über die neuen Verkehrsmittel Automobil, Ozeandampfer und Flugzeug veröffentlichte, zeigte sich sichtlich beeindruckt von der neuen Mobilität. In seinem Entwurf für eine Wohnbebauung in Algier gipfelte die Verkehrsarchitektur im ‚Projekt

Granate', dessen Name zugleich maßstabsgebend war. Le Corbusier sah die Verbindung zweier Vororte durch eine aufgestelzte Autobahn vor, unter der Wohngebäude für 180.000 Menschen entstehen sollten. Nicht zuletzt wurden die Modernisten auch von Sigfried Giedions Bestseller *Raum, Zeit, Architektur* beeinflusst, der im Dahinrauschen auf der Autobahn eine neue Wahrnehmung von Stadt und Landschaft erkannt hatte. Die zunehmende Mobilität beflügelte die Architekten in ihren Ideen zu nie dagewesenen Maßstabssprüngen. Dies galt auch für die neuen Bauten des Luftverkehrs.

Goldbrauner Stein: Südfassade des Flughafengebäudes, 1999

Von Baubeginn an war der Flughafen Tempelhof als Verkehrsanlage vorgesehen, die auch als Veranstaltungsort für Massenveranstaltungen genutzt werden sollte. Damit ordnete er sich als Bautypus in die Reihe der Hippodrome und Autodrome ein. Wie hier vor großem Publikum Reiter und Fahrer ihre Schnelligkeit unter Beweis stellten, sollten nun Flieger ihre Luftakrobatik präsentierten. Doch zu einer rein zivilen Nutzung kam es nicht. Da Herrmann Göring als neu ernanntem Reichsluftfahrtminister und Bauherr sowohl der zivile als auch der militärische Flugverkehr unterstanden, verschwammen die Grenzen. Der Flughafenbau wurde aus Rüstungsmitteln finanziert, auch wenn dort während des Krieges lediglich Nachtaufklärer stationiert waren und die Arbeiten von der Abteilung für zivile Luftfahrt beaufsichtigt wurden.
Unmittelbar nach Kriegsbeginn – der Flughafen war in weiten Teilen bereits fertiggestellt – wurde die Anlage in die Liste kriegswichtiger Bauten aufgenommen und statt für den zivilen Flugverkehr für die Rüstungsproduktion genutzt. Unterhalb der Abfertigungshalle wurden in einem Eisenbahntunnel Focke-Wulf-Flugzeuge, im darüberliegenden Flugsteig, auf dem Vorfeld und in der noch nicht vollendeten Abfertigungshalle Kampfbomber durch Fremd- und Zwangsarbeiter endmontiert. Seit den ersten Bombenangriffen der Alliierten im Herbst 1940 gehörte der Flughafen deshalb zu den strategischen Zielen. In den folgenden Kriegsjahren blieben die Zerstörungen allerdings gering – offenbar im Hinblick auf eine Nutzung des Flughafens durch die Alliierten nach der Kapitulation Nazi-Deutschlands. Selbst Hitlers Befehl

im Frühjahr 1945, den Flughafen vor dem Hintergrund der bevorstehenden Einnahme Berlins durch die sowjetische Armee zu sprengen, blieb ohne Erfolg: Major Rudolf Böttger verweigerte den Befehl. Der Aufsichtsratsvorsitzende der Berliner Flughafengesellschaft wehrte sich, einen der letzten Wünsche seines ‚Führers' zu erfüllen und brachte sich schließlich um. Der Flughafen fiel Ende April in die Hände der Roten Armee. Ein Vierteljahr später übernahmen die US-amerikanischen Truppen die Befehlsgewalt. Sie nutzten zunächst das Flughafengebäude aus den späten Zwanzigerjahren für ihre Logistik-Verbände.

Ingenieurkunst: Flugsteig mit fünfzig Meter auskragenden Trägern, 1999

Nach ersten Ausbesserungsarbeiten am teilzerstörten Gebäude nahmen die US-Amerikaner als erste Nutzer überhaupt den Flughafen Sagebiels in Betrieb. Drei Jahre nach Kriegsende erlebte die Anlage die erste und zugleich größte Belastungsprobe in ihrer Geschichte: Nachdem die Rote Armee die Land- und Wasserwege zwischen Berlin und den West-Zonen blockiert hatte, musste Berlin über die Luft versorgt werden. Zwischen dem 24. Juni 1948 und 30. September 1949 flogen die Alliierten über 227.000 Einsätze, um die West-Berliner Bevölkerung mit lebenswichtigen Waren zu versorgen. Als ‚Rosinenbomber' sollten die Militärmaschinen in die Geschichte der Stadt eingehen.

Monumentaler Natursteinbau: Hans Poelzigs Verwaltungsgebäude für die *IG Farben* in Frankfurt/Main (1928-30)

Erst 1950 wurde auf dem Zentralflughafen der zivile Luftverkehr wieder aufgenommen; die Abfertigung erfolgte jedoch zunächst in einem südlicheren Teil des Gebäudes. Parallel begann der eigentliche Ausbau des Flughafens. 1953 legte Heinrich Kosina, Architekt der ersten Hangars, sogar Pläne für einen Ausbau des Flughafens Tempelhof vor. Vor dem Hintergrund der Luftbrücken-Erfahrungen untersuchte Kosina verschiedene Varianten für eine bessere Abfertigung der Flugzeuge auf dem Vorfeld. Doch sein Konzept, einen zusätzlichen Flugsteig oder Satellitenbauten, die durch einen Tunnel mit der Haupthalle verbunden werden sollten, zu errichten, wurde nicht weiter verfolgt. Auch seine Pläne, die Start- und Landebahn nach Südosten zu verlängern, verschwanden buchstäblich in der Schublade und wurden vergessen. Nur durch Zufall entdeckten sie Mitarbeiter der Flughafengesellschaft fast fünfzig Jahre später im Archiv.

Die große Abfertigungshalle wurde 1962 für den Betrieb freigegeben. Zur Bauzeit nie fertiggestellt und im Krieg beschädigt ist sie bis heute eine eigenartige Mixtur aus nationalsozialistischer Monumental-Architektur und sachlichem Charme der frühen Sechzigerjahre. Mit den Zehntausenden an ungenutzten Quadratmetern gingen die amerikanischen

Hausherrn, die bis 1994 weite Teile des Flughafens Tempelhof für sich beanspruchten, großzügig um: Im obersten Geschoss, einer von Sagebiel ursprünglich als Festsaal geplanten Halle, richteten sie ein Basketballfeld ein. Da die Räume seit dem Abzug des amerikanischen Militärs ungenutzt sind, wirkt es, als seien sie erst vor kurzem verlassen worden. Der Indianerkopf der *Berlin Braves* etwa ziert noch immer den Fußboden der Halle. Überhaupt haben die amerikanischen Soldaten dem Gebäude eine zusätzliche historische Schicht verliehen. Ebenfalls im obersten Stockwerk befinden sich die Reste einer Bowlingbahn sowie, in einem fensterlosen Raum, die ehemalige Radarzentrale der *US Air Force*, die heute wie ein verlassenes Tonstudio wirkt. Leider verschwinden diese Spuren allmählich aus dem Haus.

Der größte Bürobau Berlins ist in weiten Teilen bis heute ein Rohbau geblieben. Über 20.000 Quadratmeter sind nie fertiggestellt worden und heute nur durch provisorische Wände und Türen von den übrigen Räumen abgetrennt. Die meisten der 15 Treppenhaustürme, deren Dimension sich an der seinerzeit geplanten Zuschauertribüne orientierte, haben inzwischen den Charkter eines Industriegebäudes aus dem 19. Jahrhundert. Auch der seltsam fensterlose Aufbau über dem Flugsteig erinnert an den unfertigen Zustand des Gebäudes. Der einst als Restaurant geplante Gebäudeteil dient heute als Zentrale der Deutschen Flugsicherung, die von hier aus den gesamten Luftraum Ostdeutschland überwacht. Heutiger Planung zufolge wird sie allerdings in wenigen Jahren aus dem Flughafen Tempelhof ausziehen. Nach einer Berechnung der Senatsverwaltung für Stadtentwicklung droht dem Flughafen nach Aufgabe des übrigen Flugbetriebs ein Leerstand von bis zu 200.000 Quadratmetern. Dies entspricht etwa zwei Drittel der gesamten Bruttogeschossfläche. Da der Gebäudekomplex inzwischen in die Denkmalliste des Landes Berlin aufgenommen wurde, wird eine mögliche Nachnutzung auch mit der vorhandenen Bausubstanz in Einklang zu bringen sein. Dies betrifft die ursprüngliche Architektur Ernst Sagebiels ebenso wie die teilweise aus der Not geborenen Zwischennutzungen der US-Militärs.

Monumentale Verkehrsarchitektur: Le Corbusiers Entwurf für eine Wohnbebauung mit darüberliegender Autobahn in Algier (1930-34)

Denkmäler mit Zukunft

Die Nachnutzung stillgelegter Flughafenanlagen

Baudenkmäler können in der Regel so lange im Originalzustand erhalten werden, wie ihre ursprüngliche Funktion nicht in Frage gestellt ist. Denn häufig sind erst Nutzungsänderungen ein Auslöser für bauliche Veränderungen. Funktionale Zweckbauten sind davon besonders betroffen. Vor allem bei der Altbausubstanz aus der ersten Hälfte des 20. Jahrhunderts, in der die Architekturgeschichte eine Vielzahl von bautypologischen Inkunablen hervorgebracht hat, entstehen oft ernsthafte Konflikte zwischen einer historisierenden Denkmalpflege und einer zukunftsfähigen Nutzung. Zudem stehen die Hüter der Baugeschichte heute vor grundsätzlich neuen Aufgaben. Galt es in den vergangenen Jahrzehnten, bedeutende Einzelbauten namhafter Architekten oder repräsentative Anlagen vergangener Epochen unter Schutz zu stellen, so geht es heute um den Erhalt alter Industrieareale, ungenutzter Bahn- und Postanlagen sowie – als eine der jüngsten Bautypologien des vergangenen Jahrhunderts – um stillgelegte Flughäfen.

Noch verhangen und verstellt: *Musée de L'Air et de l'Espace* im Flughafen Paris-Le Bourget, 2000

Wurden früher Bauwerke unter Schutz gestellt, deren architektonische Bedeutung allgemeiner gesellschaftlicher Konsens war, so kommen Konservatoren heute häufig in Rechtfertigungszwang, wenn sie etwa Fabrikgebäude als Zeugnisse der Industriegeschichte, als *lieux des memoires* in den Denkmalstatus heben. Ebenso verhält es sich mit Beispielen einer politischen Architektur, deren Rang sich weniger auf die baukünstlerische Qualität, als vielmehr auf ihre historische Bedeutung gründet. In diese Kategorie fallen generell auch Flughafenbauten, die in der ersten Hälfte des 20. Jahrhunderts zumeist ohne lange Planungsphase errichtet wurden. Sie sind Zeugen einer kollektiven Verwirklichung jenes uralten Menschheitstraums, die Schwerkraft zu überwinden, sie sind Vorboten des allmählichen Aufwachens aus kultureller Selbstversunkenheit, des Beginns der Globalisierung dieses

Wegweisende Architektur: Haupthalle des Flughafens Paris-Le Bourget, Architekt: Georges Labro (1936-37)

Besuchermagnet Fliegen: Seit 1982 residiert das *Musée de l'Air et de l'Espace* in Paris-Le Bourget, 2000

Planeten. Vor diesem Hintergrund muss es ein Anliegen sein, die weitgehend unbekannten und häufig gering geschätzten Beispiele der Flughafenarchitektur aufzuspüren und sie für die Nachwelt in ihrem Charakter zu erhalten. Zu ihr gehört neben Empfangs- und Abfertigungsgebäuden auch immer das Flugfeld mit den Start- und Landebahnen. Denn das Abreisen und Ankommen ist der Genius loci eines jeden Flughafens. Er ist bedroht durch den hohen Vermarktungsdruck, dem die freien Grundstücke – fiskalpolitisch äußerst wertvoll – unterliegen, die dem Wunsch der Kommunen gemäß möglichst für eine Bebauung freigegeben werden sollen.

Die Frage nach dem Erhalt der Flughafen-Architektur und nach der Bedeutung des Bauwerks im Kontext des gesamten Flughafengeländes ist seit 1999 Thema eines von der Europäischen Union geförderten Kulturprojektes, an dem die Denkmalschutzbehörden in Liverpool, Paris und Berlin beteiligt sind. Im Mittelpunkt stehen dabei die in den Dreißigerjahren des 20. Jahrhunderts errichteten Flughäfen Le Bourget (Paris), Speke (Liverpool) und Tempelhof. Die drei Standorte befinden sich in unterschiedlichen Phasen einer Stillegung oder Umwidmung. In Le Bourget, zwischen der Pariser Innenstadt und dem Großflughafen *Roissy-Charles de Gaulle* gelegen, hat sich das französische *Musée de l'Air et de l'Espace* im ehemaligen Empfangsgebäude niedergelassen. In Speke, südlich der ehemaligen Industriemetropole Liverpool gelegen, ist der alte Flughafen Teil einer umfassenden Stadtentwicklungsmaßnahme, die rund um den lange Jahre brachliegenden Standort Gewerbeansiedlungen vorsieht. Während in Paris nach einer Neuorganisation der Flugzeug-Sammlung das eigentliche Flughafengebäude stärker in den Mittelpunkt der Ausstellung rückt, soll in Liverpool die Diskussion über eine bereits vor zehn Jahren beschlossene, jedoch nie realisierte Bebauung des Flugfeldes neu aufgelegt werden. Diese Fragen werden auch auf Berlin zukommen, sobald der Flugbetrieb zunächst in Tempelhof und später auch in Tegel eingestellt sein wird.

Das über 400 Meter lange Abfertigungs- und Ankunftsgebäude in Le Bourget wurde zur *Exposition Internationale de Paris* 1937 eröffnet. Der Entwurf des Architekten Georges Labro galt mit seiner eleganten langgestreckten Straßenfassade damals als eines der modernsten Flughafengebäude der Welt und markierte den architektonischen Durchbruch des zivilen Luftverkehrs in Frankreich. Le Bourget hatte bis dato längst Militär- und Pioniergeschichte geschrieben. 1914 war das Flugfeld vom Kriegsministerium hergerichtet worden und diente als Basis im Ersten Weltkrieg, entwickelte sich aber schon bald auch als Standort für die zivile Luftfahrt. So etwa startete von hier aus 1919 der erste internationale Linienflug nach London. Am 21. Mai 1927 landete Charles Lindbergh nach seinem ersten Transatlantikflug in Le Bourget.

Bis weit in die Dreißigerjahre hinein galt Le Bourget – zwölf Kilometer von der Pariser Innenstadt entfernt – als einer der meistfrequentierten Flughäfen der Welt; die Zahl der Starts und Landungen wurde nur noch von Berlin-Tempelhof übertroffen. Während des Zweiten Weltkriegs wurde der Flughafen stark beschädigt: Durch deutsche Truppen

Flughafen im Art Deco-Stil: Liverpool-Speke, Architekt: Edward Hamilton Bloomfield (1935-40)

besetzt war der strategisch wichtige Ort dem Bombardement der Alliierten ausgesetzt, das deutliche Spuren hinterließ. Nach der Befreiung Frankreichs und der Instandsetzung von Rollfeld und Gebäude nahmen die Fluggesellschaften den zivilen Flugbetrieb umgehend wieder auf. Schnell knüpfte der Flughafen an seine Bedeutung an, die er schon vor dem Krieg innehatte. Seit 1953 findet alle zwei Jahre der weltweit angesehene *Salon International de l'Aéronautique et de l'Espace* statt, bei dem neue Entwicklungen in der Flugzeugtechnologie der Weltöffentlichkeit präsentiert werden. Einen traurigen Höhepunkt erlebte Le Bourget, als bei einer Flugschau im Jahre 1973 ein Wettfliegen zwischen der französisch-britischen *Concorde* und dem sowjetischen Nachbau *TU 144* ausgetragen wurde. Durch ein riskantes Ausweichmanöver geriet das sowjetische Überschall-Passagierflugzeug außer Kontrolle und stürzte über einer nahegelegenen Ortschaft ab. Es gab zahlreiche Tote und Verletzte. Bis heute ist dieser Vorfall in der Öffentlichkeit nicht ganz aufgeklärt.

Als im selben Jahr der neue Flughafen in Roissy eröffnet wurde, nahmen die Passagierzahlen in Le Bourget drastisch ab. Heute registriert die Flughafengesellschaft *Aéroports de Paris (ADP)* nur noch knapp

5.000 Starts und Landungen pro Jahr. In den nördlich gelegenen Hangars bieten Flugzeugwerkstätten ihre Dienstleistungen an. Zudem verfügt der Standort über die komplette Infrastruktur eines leistungsfähigen Flughafens. Lediglich die Umwidmung des Hauptgebäudes für Museumszwecke erschwert die Abfertigung großer Passagierzahlen. Le Bourget dient daher als Gelegenheitsflughafen.

Das *Musée de l'Air et de l'Espace* belegte 1982 einen Großteil der Flughafenbauten für seine Dauerausstellung. In die großzügigen Räume und Hallen wurde ein mehrgeschossiges Wegesystem eingebaut, das es dem Betrachter ermöglicht, die von der Decke herabhängenden Ausstellungsstücke aus der Nähe betrachten zu können. Aus konservatorischen Gründen wurden sämtliche Fenster des ursprünglich lichtdurchfluteten Gebäudes mit Stoff verhängt, um die Exponate gegen schädliches UV-Licht zu schützen. Von dem ursprünglichen Charakter des Hauses ist deshalb bis auf wenige Details wie etwa die mächtigen klassizistischen Säulen mit ihren scharfkantigen Kanneluren oder die vom Bauhausstil beeinflussten Treppenhäuser nur noch wenig erhalten geblieben. Nach dem geplanten Umbau sollen die aus Glasbausteinen errichteten Deckengewölbe wieder freigelegt werden. Spätere Einbauten, die den ursprünglichen Charakter der Architektur verfälschen, wollen Museumsleitung und Denkmalpfleger zumindest insoweit entfernen, als hierdurch nicht die Ausstellungskonzeption des größten Luftfahrtmuseums Frankreichs gefährdet wird.

In Liverpool steht die Umnutzung der Gebäude erst seit kurzer Zeit auf der Tagesordnung. Seit der Eröffnung eines neuen, nur wenige Kilometer entfernten Flughafens im Jahre 1984 liegt der *Speke Airport* brach. Seine unmittelbare Umgebung spiegelt den Strukturwandel wider, den Liverpool seit dem Niedergang seiner Industrie prägt. Bis in die Sechzigerjahre war die Umgebung des Flughafens ein Schwerpunkt des sozialen Wohnungsbaus, in dessen Genuss vor allem Arbeiterfamilien nach ihrem Wegzug aus den ärmlichen Innenstadtvierteln

Unwirtliche Stadtlandschaft: Der ehemalige Flughafen Liverpool-Speke wird zum Kern eines Gewerbeparks entwickelt, 2000

kamen. Der rasante Anstieg der Arbeitslosenzahlen Anfang der Achtzigerjahre betraf diese sozial homogenen Wohnviertel am stärksten. Der Ort rund um den Flughafen, an dem die *Beatles* zwanzig Jahre zuvor von jubelndem Publikum zu ihren Tournee-Reisen starteten und in ihre Heimat rückkehrten, verkam nach seiner Verlagerung zu einem städtebaulichen Niemandsland.

Da der Verfall der Gegend kaum noch aufzuhalten schien, entwickelte eine von der britischen Regierung eingesetzte Agentur zur Revitalisierung der Städte, die *English Partnerships (EP)*, 1994 eine Strategie für die beiden benachbarten Kommunen Speke und Garston. Bis 2005 soll sich das Gebiet zu einem Modellprojekt für die Wiederbelebung einer durch den Strukturwandel gekennzeichneten Vorstadt entwickeln. Erste Erfolge sind bereits zu verzeichnen. Allein in den ersten drei Jahren wurden bereits 650 neue Arbeitsplätze geschaffen. Für 2001 hat der britische Automobilhersteller *Jaguar* die Endmontage seiner Luxuswagen in Speke/Garston angekündigt. Die Umnutzung des ehemaligen Flughafens in Liverpool ist damit zu einer Initialzündung für das gesamte Umfeld geworden. Aufgrund der sozialen Probleme und des Erfolgsdrucks, binnen kurzer Zeit Gewerbe anzusiedeln, ist die Debatte über einen Denkmalschutz, der über die Architektur hinausgeht, bislang jedoch vernachlässigt worden.

Speke gehört in England zu den ambitioniertesten Flughafenbauten der ersten Generation. Der Ziegelbau, dessen Kontrollturm an einen

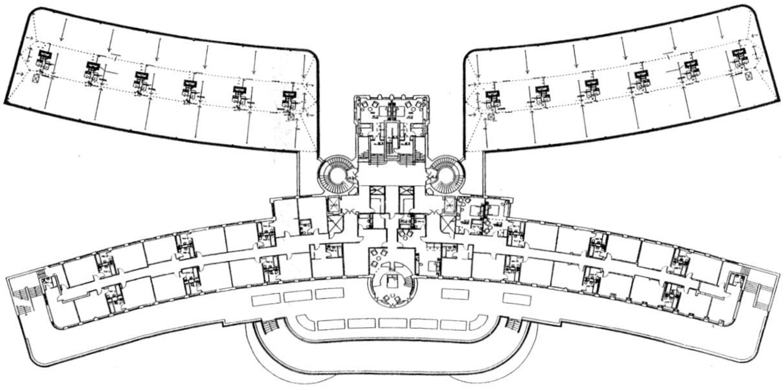

Leuchtturm erinnert, wurde nach einem Entwurf des Architekten Edward Hamilton Bloomfield in zwei Bauabschnitten zwischen 1935 und 1940 errichtet. Das architektonische Konzept ist stark beeinflusst von dem 1929 fertiggestellten Flughafen Hamburg-Fuhlsbüttel, gegenüber diesem Pionierbau der Luftfahrtgeschichte allerdings rund dreißig Prozent größer. Aufgrund der architektonischen Überdimensionierung und der anspruchsvollen Details war der Neubau über vier Mal so teuer wie zeitgenössische Flughäfen in England. Parallelen zu Fuhlsbüttel bestehen vor allem in der leicht geschwungenen Grundrissform und der zentralen Erschließung. Doch schon mit endgültigem Abschluss der Bauarbeiten 1940 war Liverpool-Speke von den Entwicklungen der internationalen Luftfahrt überholt. Drei Jahre zuvor hatte Paris bereits seinen Terminal Le Bourget eröffnet, dessen architektonische Formen – ähnlich wie in Tempelhof – den neuen Dimensionen, in die der moderne Luftverkehr eingetreten war, gerecht wurden.

Denkmalschutz in Liverpool: Das zum Flugfeld geöffnete Abfertigungsgebäude (unten) wird zu einem Vier-Sterne-Hotel umgenutzt und erhält einen neuen Bettenflügel (oben)

Zwischen den beiden Hangars gelegen – Hangar 1 im Stil des Art Deco 1938 fertiggestellt, Hangar 2 als Funktionsbau erst nach Ausbruch des Zweiten Weltkriegs für die hier stationierten Fliegerverbände errichtet – bildet das Abfertigungsgebäude das Filetstück des einzigen in England noch erhaltenen Flughafenensembles aus den Dreißigerjahren. Der einzigartige Blick über das Flugfeld, das sich bis zum Ufer des *Mersey River* erstreckt und sich nahezu ebenerdig auf der Wasseroberfläche fortzusetzen scheint, soll nach der derzeit gültigen Planung allerdings für immer verbaut werden. Das ehemalige Abfertigungsgebäude erhält einen Ergänzungsbau, der die geschwungene Form spiegelt und Raum für ein Vier-Sterne-Hotel bietet. Für den Umbau des Flughafens wurde das in Liverpool ansässige Büro *Falconer Chester Architects* beauftragt. Während der Hangar 2 derzeit grundsaniert wird, um die Vermietungschancen auf dem Immobilienmarkt zu erhöhen, konnte die andere Flugzeughalle im Januar 2000 als Sport- und Wellness-Center des Freizeit-Konzerns *David Lloyd* eröffnet werden. Anstelle der Hallentore präsentiert sich seitdem eine Glasfassade, hinter der sich im Erdgeschoss ein Schwimmbad, im Obergeschoss ein Fitness-Bereich befinden. Zehn Meter über dem ehemaligen Flugfeld eröffnet sich ein grandioser Blick in die Weite der Landschaft. Auch wenn die Nachnutzungen nichts mehr mit dem eigentlichen Genius loci gemein haben, ist die Inszenierung der Flughafenlandschaft die wesentliche Attraktion. Sowohl das Sport-Center als auch das Luxus-Hotel sind Anzeichen für einen wirtschaftlichen Aufschwung, den der Ort, der einst auch als Zwischenstation für transatlantische Flüge geplant war, derzeit erlebt.

Das bislang in Deutschland größte und bedeutendste Umbaukonzept für einen Flughafen ist die Nachnutzung des Flugfeldes in München-Riem. Nach der Verlagerung des gesamten Luftverkehrs zum neuen Standort im Erdinger Moos im Mai 1992 verwirklicht die Stadt eines der letzten großen Bauvorhaben innerhalb ihres Hoheitsbereiches. Die *Messestadt Riem*, wie der neue Stadtteil offiziell heißt, soll nach seiner Fertigstellung in einigen Jahren Wohnungen für insgesamt etwa 16.000 Einwohner bieten. Das Wohngebiet, das sich als Streifen mitten über das ehemalige Flugfeld erstreckt, bildet das Rückgrat der Konzeption. Nach der Idee eines gemischt genutzten Viertels ist im Norden des über 550 Hektar großen Planungsgebietes inzwischen die *Neue Messe* entstanden. Zusammen mit benachbarten Gewerbebetrieben sollen dort bis zu 13.000 Arbeitsplätze geschaffen werden. Der südliche Teil des ehemaligen Flugfeldes verschmilzt mit den angrenzenden Grünflächen zu einem Landschaftspark, der im Jahr 2005 die

Bundesgartenschau beherbergen soll. Der Entwurf der ‚Drittellösung' geht auf einen städtebaulichen und landschaftsplanerischen Ideenwettbewerb aus dem Jahre 1990 zurück, den der Frankfurter Architekt Jürgen Frauenfeld gewann. In der Folgezeit konkretisierten sich die Planungen durch weitere Realisierungswettbewerbe. Bereits 1998 konnte der neue Messestandort Riem eröffnet werden. Die Wohngebiete befinden sich derzeit im Bau. Für die Fertigstellung aller Bauarbeiten hat die Stadt einen Zeitrahmen von zwanzig Jahren veranschlagt.

Im Stadtgrundriss verwischt: Das Gelände des ehemaligen Flughafens München-Riem dient heute als Messe- und Wohnstandort. Im Jahre 2005 findet in einem Teilbereich die Bundesgartenschau statt. An die Zeit des Luftverkehrs erinnern nur noch der rote Tower und das weiße Abfertigungsgebäude (unten links), 1999

Der Entwurf für den Luftbahnhof München-Riem stammte wie der Tempelhofs von Ernst Sagebiel, der für das Flughafen-Layout mit einer Ellipse ebenfalls eine geometrische Grundrissfigur realisieren ließ. Die historischen Spuren sind durch die Neubauten inzwischen verwischt. Lediglich der Tower und die Abflughalle, der so genannte ‚Wappensaal', wurden seinerzeit unter Denkmalschutz gestellt. Die ehemalige Zuschauertribüne, die in München nicht wie in Tempelhof erhöht auf dem Dach geplant war, sondern sich aus dem Flugfeld heraus entwickelt, bleibt ebenfalls erhalten. Sie stellt nach jahrzehntelangem Schattendasein heute eine für Naturschützer wertvolle Biotopfläche dar. Für Denkmalschützer ist sie eine der wenigen Erinnerungen an die Ära Riems als Flughafenstandort. Auch das östliche und westliche Ende der alten Piste bleiben als Strukturen in der Landschaft erhalten.

Berlin verfügt derzeit über vier Flughäfen, die zur Nachnutzung anstehen oder bereits anderem Nießbrauch zugeführt wurden. Hiervon betroffen sind einerseits die beiden noch in Betrieb befindlichen Flughäfen Tempelhof in der Innenstadt und Tegel im Nordwesten des Stadtgebietes, wo die Senatsverwaltung für Stadtentwicklung, Umweltschutz und Technologie 1999 mit ihrem *Planwerk Westraum* die Debatte über die Zukunft des derzeit meistfrequentierten Berliner Flughafens eröffnet hat. Eine Schließung ist hier erst nach Inbetriebnahme des Flughafens *Berlin Brandenburg International* in Schönefeld vorgesehen. Die derzeitige Planung sieht vor, mehr als die Hälfte des 438 Hektar großen Flugfeldes als Frei- und Grünfläche zu erhalten. Für zwei neue Siedlungsflächen mit insgesamt 4.000 Wohneinheiten westlich des Kurt-Schumacher-Platzes und in der Nähe des heutigen Abfertigungsgebäudes sind erste Bebauungsvorschläge vorgelegt worden. Sie sehen selbstgenutztes Wohneigentum auf kleiner Parzelle vor. Rund um den alten Terminal, dessen erster Bauabschnitt in den Jahren 1969 bis 1974 von den Hamburger Architekten Meinhard von Gerkan, Volkwin Marg und Klaus Nickels errichtet wurde, sollen nach den jetzigen Vorstellungen Freizeit- und Unterhaltungseinrichtungen sowie weitere gewerbliche Standorte angesiedelt werden. Diese Ideen haben derzeit noch keine planungsrechtliche Relevanz. Sie dienen lediglich als Grundlage für eine stadtentwicklungspolitische Diskussion, die sich über Jahre erstrecken wird. Zu einer von den Architekten des Flughafens Tegel bereits im damaligen Wettbewerb vorgeschlagenen

Flughafen München-Riem:
Bayerns Tor zur Welt,
1972

Erweiterung wird es jedoch nicht kommen. Die Architekten hatten für das wabenförmige Gebäude, das den Fußweg zwischen Vorfahrt, Check-In und Flugsteig auf weniger als vierzig Meter verkürzt, einen Zwillingsbau in unmittelbarer Nachbarschaft vorgesehen.

Die beiden Berliner Flughafen-Standorte, die ihren Betrieb bereits eingestellt haben, liegen in den äußeren Stadtbezirken. Dabei handelt es sich um den ehemaligen Stützpunkt der britischen *Royal Air Force* in Gatow (Spandau), einst von den Nationalsozialisten als Fliegerschule errichtet, sowie den ehemaligen Flugplatz in Johannisthal (Treptow), die eigentliche Wiege des motorisierten Luftverkehrs in Deutschland. Für beide Areale liegen konkrete städtebauliche Konzepte und landschaftsarchitektonische Entwürfe vor, die inzwischen umgesetzt werden. Beide Planungen setzen sich dabei intensiv mit der Historie des Ortes auseinander.

Die Geschichte des Flugplatzes Johannisthal geht in das Jahr 1909 zurück, als belgische und französische Motorflieger mit einem ‚Konkurrenz-Fliegen der ersten Aviatiker der Welt' den Standort einweihten. Bis zum Ersten Weltkrieg entwickelte sich der Berliner Vorort zu einem Zentrum der deutschen Fliegerei. Im Frühsommer 1911 pilgerten zum Start des ‚Deutschen Rundflugs' 600.000 Schaulustige in das 4.000 Einwohner zählende Dorf Johannisthal. Drei Jahre später wurden mit dem so genannten ‚Dreieckflug' die Flugplätze Johannisthal, Mockau (bei Leipzig) und Kaditz (bei Dresden) eine Woche lang auf dem Luftweg miteinander verbunden. Damit wurde eine über eintausend Kilometer lange Strecke erstmals in der deutschen Motorfluggeschichte zeitlich geplant und unfallfrei beflogen. Der Linienflugbetrieb rückte in greifbare Nähe, verzögerte sich aber durch den Ausbruch des Krieges um fünf Jahre. Erst 1919 wurde von Johannisthal aus die erste innerdeutsche Linienverbindung eröffnet: Sie beförderte Parlamentarier auf dem Weg zur Nationalversammlung nach Weimar, wohin die Parlamentssitzungen aufgrund der bürgerkriegsähnlichen Zustände in Berlin verlegt worden waren. Die Abgeordneten waren mithin die erste Berufsgruppe, die das Privileg der regelmäßigen Flugreisen in Anspruch nehmen durfte.

Nach der Eröffnung Tempelhofs im Jahre 1923 kam der Linienverkehr in Johannisthal zum Erliegen. Flugzeugwerkstätten und technische Infrastruktur blieben jedoch bestehen. Die *Versuchsanstalt für Luftfahrt* (noch vor dem Ersten Weltkrieg im Jahre 1912 gegründet) errichtete einige Bauwerke, die dem Ort einen wissenschaftlichen Charakter verliehen. Militärische Nutzungen kamen hinzu. Bis 1945 blieb der Flugplatz Johannisthal ein Forschungszentrum für die Luftfahrt; bis 1952 nutzten die sowjetischen Truppen den im Dritten Reich ausgebauten Militärflughafen. Danach übernahm die Nationale Volksarmee der DDR das Areal und widmete es in ein Übungsgelände um; bis zur Wende führte die Geburtsstätte der deutschen Motorfliegerei damit ein Schattendasein.

Vom Flugfeld zum Naturpark: Gabriele G. Kiefers Entwurf für den ehemaligen Flugplatz Johannisthal (1996-2005)

Architektur-Ikonen der Flugforschung in Adlershof: Großer Windkanal, ‚Trudelturm' und Motorenprüfstand (1932-36), 2000

Besondere Architekturzeugnisse hat die Luftverkehrsgeschichte in Johannisthal kaum hinterlassen. Dafür zeichnet sich der Standort durch einige Wissenschaftsbauten aus, die von umso größerer baukünstlerischer Bedeutung sind. Sie liegen südlich des ehemaligen Flugfeldes. Dazu gehören neben backsteinernen Werkhallen der Große Windkanal, der ‚Trudelturm' sowie der Motorenprüfstand. Vor allem der Große Windkanal gilt als hervorragendes Beispiel für den damaligen Stahlbetonbau und die damit verbundene Schal-Technik. Die Wände des Gebäudes sind lediglich sechs bis acht Zentimeter stark; die kreis- und ellipsenförmigen Querschnitte des Windkanals messen zwischen acht und 14 Metern. Die außergewöhnliche Architektur rückte erst nach 1990 wieder in den Blickpunkt der Öffentlichkeit, als der Senat Adlershof und Johannisthal zum Entwicklungsgebiet erklärte.

Nach Münchener Vorbild wird eine ‚Drittellösung' angestrebt, die die Nutzungen Wohnen, Arbeiten und Erholen auf dem 465 Hektar großen Areal zu je gleichen Teilen vorsieht. Ein städtebaulicher Rahmenplan schreibt die zukünftige Nutzung des Geländes als Mischgebiet fest. Adlershof soll als ‚Stadt für Wissenschaft und Wirtschaft' den Nukleus für eine Universitäts- und Forschungsstadt im Südosten Berlins bilden.

Relikte des Kalten Krieges: Luftwaffen-Museum der Bundeswehr auf dem Flughafen Gatow, 2000

Das Flugfeld Johannisthal erhält dabei die Funktion eines siedlungsnahen Erholungsgebietes. An den nördlichen und westlichen Rändern entstehen sowohl Ein- als auch Mehrfamilienhäuser, die die ‚Wissenschaftsstadt' mit den umliegenden Quartieren verzahnen und damit zu einer schnelleren Integration des neuen Stadtteils im Südosten Berlins führen sollen.

Aus einem kooperativen Gutachterverfahren, das die Senatsverwaltung für Stadtentwicklung und Umweltschutz auslobte, ging Gabriele G. Kiefer 1996 als Siegerin hervor. Die Berliner Landschaftsarchitektin unterteilte die unregelmäßige Sternfigur des ehemaligen Flugfeldes in drei Parks von sehr unterschiedlichem Charakter. Im Zentrum des Areals entsteht ein nicht begehbarer Naturpark, in dem der über Jahrzehnte nahezu unberührte Trockenrasen erhalten bleibt. Aufgrund der extensiven Nutzung des ehemaligen Flugplatzes konnte sich somit auf den nährstoffarmen Sandböden eine für Berlin einzigartige Fauna und Flora entwickeln. Lediglich zwei Stege führen durch das Gelände. Die Fugen zwischen den angrenzenden Ortsteilen werden mit offenen Wiesen aus Eichen und Kiefern zu einem Landschaftspark gestaltet. An den Rändern des Flugfeldes entstehen so genannte Kammergärten, klar definierte Räume mit Sondernutzungen wie etwa Spiel- und Sporteinrichtungen. Diese Bereiche, auch ‚Aktivpark' genannt, stellen einen Übergang zwischen der hohen Dichte der umliegenden Siedlungsgebiete und der weiten Leere der Wiese dar. Eine mannhohe Gabionenwand – mit Naturstein gefüllte Drahtkörbe – umrahmt den etwa 25 Hektar großen Naturpark und bewahrt ihn zugleich vor einer drohenden Überbeanspruchung. Der Schutz des Flugfeldes Johannisthal vor weiterem planerischen Zugriff dokumentiert zugleich auch ein neues Verständnis für städtisches Grün. Hierbei avanciert die Spontanvegetation, die zwar vom Menschen beeinflusst aber nie bewusst geplant wurde, zum sinnstiftenden Element eines stadtnahen Erholungsraumes. Das nicht zugängliche Flugfeld wird zu einem Natur-Vakuum inmitten der Stadt.

Die Ästhetisierung der Brachenlandschaft liegt auch dem Leitbild für die landschaftsarchitektonische Umgestaltung des Flugfeldes in Gatow zugrunde, der nach dem Abzug der britischen Streitkräfte für den Luftverkehr geschlossen wurde. Hier galt es 1996 in einem Wettbewerb, Entwürfe für eine knapp 1.200 Wohneinheiten umfassende Siedlung vorzulegen. Damit ist Gatow der größte Standort für Wohnungsbauprojekte des Bundes in Berlin. Aus der Konkurrenz ging die Berliner Architektengruppe *Linie 5* in Zusammenarbeit mit der Landschaftsarchitektin Ariane Röntz als Siegerin hervor. Der Grundgedanke der Freiraumplanung war hierbei, die Weite des Geländes zu erhalten und die beiden Landebahnen als Funktionsstreifen für Spiel- und Sportplätze zu erhalten. Während das ebene Flugfeld im östlichen Bereich in seiner heutigen Form erhalten bleibt, wird die Asphaltpiste im Bereich des Wohngebietes in Rasenfläche umgewandelt. Der Verlauf der ehemaligen Landebahn zeichnet sich durch eine steinerne Stufe am Südrand, durch eine Schraffur aus weißen Betonstreifen und im Boden verankerte ‚Positionsleuchten' ab. Die Funktionsbänder, die bis in den Anger der neuen Siedlung hineinlaufen, erinnern an die ehemals intensive Nutzung der Pisten durch den Flugbetrieb. Nach Osten setzt

Von der Landebahn zum Spiel- und Sportplatz:
Entwurf für das Flugfeld Gatow,
Architektur: *Linie 5*,
Landschaftsarchitektur:
Ariane Röntz (1996-2005)

39,2
SpPl
WBh
36,7
WBh
Gatower

sich das Band in Form von Baumreihen fort. Wie in Johannisthal ist die Fertigstellung der landschaftsarchitektonischen Baumaßnahme bis zum Jahr 2005 vorgesehen.

Der Flughafen Gatow war in den ersten Tagen der Berlin-Blockade der wichtigste Stützpunkt für die alliierten Versorgungsflüge. Von hier aus wurde vor allem der britische Sektor mit Hilfsgütern versorgt. Zu Spitzenzeiten landeten und starteten pro Tag bis zu 400 Flugzeuge. Die *British European Airways* bediente Gatow mit Linienflügen, bis der Flughafen Tempelhof 1950 für den zivilen Luftverkehr zugelassen wurde. Danach diente die 1935 von den Nationalsozialisten eröffnete Luftkriegsakademie wieder als Militärflughafen, diesmal für die *Royal Air Force*. Seit deren Abzug im Jahre 1994 und der endgültigen Entwidmung als Flughafen im Jahre 1997 dient der östliche Teil der insgesamt 185 Hektar großen Anlage als Kasernengelände. Die Bundeswehr nutzt einige Hangars für ihr Luftwaffenmuseum; im Tower ist eine Uniformsammlung ausgestellt. Damit ist der Flughafen Gatow in seine wahrscheinlich sinnvollste Nachnutzung überführt worden. Die Spuren der Luftfahrtgeschichte sind deutlicher als je zuvor ablesbar. Dabei haben sich für die beiden stillgelegten Flugplätze in Berlin zwei unterschiedliche, jedoch mit Bezug zur Fliegerei bezogene Profile herauskristallisiert. Während in Johannisthal die Vergangenheit von Flugforschung und aerodynamischer Wissenschaft thematisiert wird, hat sich Gatow zu einem Museum für überwiegend militärisches Flugwesen entwickelt. Die Thematisierung und Offenlegung der historischen Schichten gibt den Plätzen ihren Charakter wieder, der sie als Teil des Stadtkontextes vor einer Bedeutungslosigkeit bewahrt. Vor diesem Hintergrund leisten diese Nachnutzungsvarianten einen wichtigen Beitrag zur Identität der Stadtgeschichte in Johannisthal und Gatow.

Die Debatte über die Nachnutzung stillgelegter Flughäfen wird allerdings nicht nur in Europa geführt. So etwa fand in Chicago in den vergangenen Jahren ein lokalpolitischer Kampf um die Zukunft des Regionalflughafens *Merrill C. Meigs Field* statt. Lediglich zwei Kilometer vom *Sears Tower* in der Downtown und der *Convention Hall* auf dem Messegelände entfernt ist das Rollfeld besonders bei Geschäftsreisenden beliebt. Seit einiger Zeit hat die Zahl der Starts und Landungen allerdings abgenommen. Obwohl sich die Anlage auf einer Landzunge im *Lake Michigan* befindet und nicht unmittelbar von Wohngebieten umgeben ist, wird das nach einem berühmten Chicagoer Luftfahrt-Pionier benannte Flugfeld in den kommenden Jahren geschlossen werden. Anstelle der Betonpisten soll in Nachbarschaft zum *Shedd Aquarium* und *Adler Planetarium* ein Stadtpark entstehen. Der *Grant Park*, wie der Küstenstreifen zwischen *Randolph Street* und *Soldier Field* genannt wird, kann damit wieder seiner ursprünglichen Funktion als ‚Vorgarten Chicagos' gerecht werden.

Vom City-Airport zum Stadtpark: Der Chicagoer Regionalflughafen *Meigs Field* soll in den kommenden Jahren umgenutzt werden, 1999

Aus den Planungen für eine Nachnutzung ehemaliger Flughäfen lassen sich von den skizzierten Beispielen in München, Paris und Liverpool einige Grundsätze ableiten, die auch bei den Planungen für Tempelhof eine Rolle spielen könnten. Zum einen leidet Berlin heute nicht unter Flächennot wie etwa München in den Achtzigerjahren, sondern verfügt im Gegenteil über ein Übermaß an bebaubarer Fläche in der Innenstadt. Dies ermöglicht den Gedanken, das Tempelhofer Feld weitgehend von einer Bebauung freizuhalten. Auf diese Weise könnte man zudem zu einem erweiterten Verständnis von Denkmalpflege finden, das auch die offene Landschaft eines Flugfeldes mit einbezieht – ohne dabei die eigentlichen Anforderungen an einen großstädtischen Ort zu verdrängen. Zum anderen zeigen die aktuellen Beispiele in Frankreich und England, dass dem Umgang mit historisch bedeutenden Flughafengebäuden eine wichtige baukulturelle Funktion zukommt. Dies gilt sowohl für eine mögliche Nutzung des Flughafens Tempelhof als Luftfahrtmuseum – wobei hier nicht zuletzt das Gebäude selbst im Mittelpunkt stehen müsste – als auch im Hinblick auf notwendige bauliche Ergänzungen, die im Dienste der Erhaltung des Denkmals erfolgen sollten.

WASSER

Park der Luftbrücke

Der Flughafen Tempelhof als großstädtischer Park

Wenn sich Berliner zum hundertjährigen Jubiläum der Luftbrücke an den Flughafen Tempelhof erinnern, werden sie womöglich kaum begreifen, dass es über das Ende des Flugbetriebes seinerzeit eine heftige Debatte gab. Sie werden bei einem Spaziergang – oder wie auch immer das Flanieren im öffentlichen Raum dann bezeichnet werden mag – das Tempelhofer Feld erreichen und in der Weite den baumbekrönten Fliegerberg erblicken, der sich wie ein Kegel aus der Landschaft erhebt. Sie werden über die ehemalige Start- und Landebahn laufen und am Horizont das monumentale Flughafengebäude entdecken, das nun wie ein Filter zwischen Stadt und Park wirkt. Vielleicht werden sie sogar am ‚Park der Luftbrücke' wohnen, in einer der ‚gläsernen Fabriken' arbeiten oder hierher kommen, um ihre Muße in einer der zahlreichen Freizeiteinrichtungen zu finden, die sich inzwischen um den Park herum versammelt haben. Die Flaneure von morgen werden an dem Park, über dessen Gestaltung zu Beginn des Jahrhunderts noch gestritten wurde, die Reduzierung schätzen. Sie werden das offene Wiesenmeer schätzen, dessen Ufer von einer achtreihigen Allee – einem Boulevard wie ihn Berlin vorher nicht kannte – gesäumt wird. Dass es damals überhaupt möglich war, das Tempelhofer Feld vor einer dichten Bebauung zu bewahren, hatte kaum ein Planer zu glauben gewagt. Im Jahre 2048 gehören diese Bedenken aber längst der Vergangenheit an.

In seiner gut 200jährigen Geschichte war der Park schon immer einem Bedeutungswandel unterworfen. Die grünen Erholungsinseln als Bausteine der Stadt evozierten regelrechte Grabenkämpfe zwischen den um die Gesundheit der Stadtbewohner besorgten ‚Volksbiologen' und den auf die Fiskalpolitik fixierten Stadtökonomen. In der Gestaltung

Tempelhofer Zukunft:
Konzept der Senatsverwaltung für Stadtentwicklung,
Landschaftsarchitektur: *Kienast Vogt Partner*,
Städtebau: Bernd Albers, 1999

Das Tempelhofer Feld,
Ernst Müller,
Öl auf Leinwand 1919

des Stadtparks haben somit immer auch die politischen, wirtschaftlichen und gesellschaftlichen Verhältnisse der Entstehungszeit ihren Niederschlag gefunden. Vor diesem Hintergrund ist die Gestaltung eines zukünftigen Großstadtparks, wie er auf dem Tempelhofer Feld entstehen soll, auch eine Antwort auf die Frage, welche Bedürfnisse eine Stadtgesellschaft in der Zukunft haben könnte. Eines lässt sich dabei bereits heute prognostizieren: Die Anforderungen, die kommende Generationen an einen innerstädtischen Freiraum stellen, werden aller Voraussicht nach komplexer. Daher muss die Planung so offen formuliert werden, dass sie ihre Gültigkeit auch mittelfristig nicht verliert.

Die ersten im heutigen Sinne öffentlichen Parkanlagen entstanden Anfang des 19. Jahrhunderts als Ausdruck bürgerlich-egalitärer Bestrebungen, die im Gefolge von Aufklärung und französischer Revolution aufkamen. Sie wurden zu einem Sinnbild für die Emanzipation des Bürgertums, dem der Zutritt zu den großen Landschaftsgärten der Aristokratie in der Regel verwehrt geblieben war. In Berlin setzte Peter Joseph Lenné ab 1832 als erster Gartenkünstler die Idee des ‚Volksgartens' um, die knapp fünfzig Jahre zuvor von Christian Cay Laurenz Hirschfeld in seiner *Theorie der Gartenkunst* formuliert worden war. Lenné, der wohl bedeutendste deutsche Landschaftsarchitekt des 19. Jahrhunderts, leitete mit der Überarbeitung des Tiergartens einen Paradigmenwechsel ein, der das Berliner Stadtbild nachhaltig verändern sollte: Der gestaltete Park wurde Teil des öffentlichen Raumes und blieb nicht mehr dem Adel oder dem Klerus vorbehalten. Bereits 1846 folgte Gustav Meyer mit dem Entwurf für den Friedrichshain, der wie der Tiergarten dem zeitgenössischen Parkideal einer selbstentfaltenden

Natur mit inszenierten Blickachsen und kulissenhaften Baumgruppen huldigte. Fortan konnte das preußische Bürgertum seinem Bedürfnis nach Öffentlichkeit nicht mehr nur auf den Plätzen und Boulevards, sondern auch im gartenarchitektonischen Ambiente frönen.

Zukünftiger Blick über das Wiesenmeer auf den Fliegerberg, *Kienast Vogt Partner/* Bernd Albers, Animation 1999

Mit dem Übergang zum 20. Jahrhundert verlagerte sich der gartenarchitektonische Fokus vom Landschaftspark auf den Stadtpark. Die negativen Folgen der Industrialisierung – niedrige Wohnstandards und unzureichende Gesundheitsvorsorge – erforderten Erholungs- und Ausgleichsflächen für eine breite Bevölkerung. Der Park übernahm neben seiner traditionellen Funktion, eine idealisierte Natur zu manifestieren, nun auch ‚volksbiologische' und soziale Aufgaben. Damit verabschiedete er sich von seinem ursprünglichen Charakter des reinen Naturgenusses, der die Nutzung der dekorativen Blumenbeete und Rasenflächen durch die Parkbesucher eingeschränkt hatte.

Nach der Gründung des Deutschen Reiches und dem steigenden Einfluss demokratischen Ideenguts waren in den Großstädten immer mehr Volksparks entstanden. Sie waren jederzeit frei zugänglich, wovon vor allem die Stadtbevölkerung profitierte. Die öffentlichen Anlagen, deren Gebrauchs- und Unterhaltungswert an Wochenenden durch Vereinsveranstaltungen gesteigert wurde, erfreuten sich großer Akzeptanz. Auch die körperliche Ertüchtigung im öffentlichen Raum – Sportplätze und Planschbecken waren als feste Bestandteile nicht mehr weg zu denken – genoss eine immer größere Beliebtheit und wurde gesellschaftsfähig. Freilufttheater, Konzertpavillons und Tanzringe setzten auf den weiträumigen Rasenflächen zusätzliche Akzente. Zu den ers-

Blick aus einem der geplanten Hochhäuser über das Flugfeld, Animation 1999

ten Berliner Beispielen einer neuartigen großstädtischen Grünanlage zählte der Schillerpark, der ab 1908 nach einem Entwurf von Friedrich Bauer in Wedding angelegt wurde. Das Herzstück der 29 Hektar großen Anlage bildete die so genannte ‚Schülerwiese', die für Spiel, Sport, Sonnenbäder und Picknicke ausgelegt war. In den Zwanzigerjahren erhielt der Arbeiterbezirk Wedding mit den Rehbergen einen weiteren bedeutenden Volkspark, der Raum schuf für gesellige Feste und politische Arbeiterkundgebungen. Der Entwurf stammte von dem Berliner Gartenbaudirektor Erwin Barth (1927), der wesentlich an der Ausformulierung des Volksparkgedankens beteiligt gewesen war. Ein Jahr später wurde auch der Sportpark Tempelhofer Feld feierlich der Öffentlichkeit übergeben. Zum Zeitpunkt seiner Eröffnung umfasste die Grünanlage über achtzig Prozent der gesamten Sport- und Spielfläche des Bezirks Neukölln. Sechs Sportplätze, drei Buddelplätze, vier Sondergärten und eine Spielwiese standen dem besonders dicht bevölkerten Stadtteil nun zur Verfügung. In den Themengärten wurden sogar Führungen durch die Flora und Fauna des Parks angeboten. Nicht zuletzt auch deshalb hatte sich der Typus ‚Park' nun endgültig von seiner reinen Repräsentations- und Erholungsfunktion verabschiedet und einen festen Platz im Alltag auch der kleinen Leute eingenommen.

Während des Dritten Reiches und in der Nachkriegsmoderne erlitt der Volkspark einen dramatischen Bedeutungsverlust. Lediglich in Ostdeutschland lebte der Parkgedanke in Anlehnung an die ‚Nationale Tradition' wieder auf. Der Treptower Park in Berlin (1955) steht dabei stellvertretend für den in der DDR propagierten ‚Kulturpark', in dem die sozialistischen Volksmassen das von der Parteiführung vorgegebe-

ne historische Erbe in Erinnerung halten sollten. Die Politisierung des Parks, die in den Zwanzigerjahren durch die Arbeiterbewegung sozial motiviert gewesen war, diente nun einer von oben verordneten Staatspropaganda. In der alten Bundesrepublik wandelte sich das vorherrschende Leitbild der aufgelockerten und durchgrünten Stadt, das die Anlage von öffentlichen Parks nahezu ausgeblendet hatte, erst in den späten Sechzigerjahren. Der ‚Freizeitpark', vielfach auf zugeschütteten Müllkippen oder rund um stillgelegte Kiesgruben angelegt, stand im Mittelpunkt des planerischen Interesses. Neben die verschiedenen Spiel- und Sporteinrichtungen gesellten sich Unterhaltungs- und Vergnügungsstätten. Ästhetisch versuchten diese ersten Konversionsprojekte, sich dem Ideal des naturnahen Landschaftsraumes anzunähern. Die ökologisch orientierte Gesellschaft, die über immer mehr Freizeit verfügte, schuf sich mit den bewusst verwilderten Parks ein Refugium für ihre Umweltbewegung. Beispielhaft dafür steht in Berlin der Görlitzer Park, der auf dem Gelände des kriegszerstörten Görlitzer Bahnhofs in den Achtzigerjahren realisiert wurde. Den Anstoß dazu hatte eine Bürgeriniative gegeben, die sich seit 1978 für die Entsorgung der Altlasten und die Schaffung eines Erholungsraumes zwischen den dichten Wohngebieten Kreuzbergs eingesetzt hatte. Erst zwanzig Jahre später konnte die Anlage vollends fertiggestellt werden.

Blick vom Fliegerberg zum stillgelegten Flughafengebäude, Animation 1999

Die sich ständig verändernde Bedeutung des Parks im Laufe seiner Geschichte stellt Landschaftsarchitekten heute vor das Problem, auf den gesellschaftlichen Strukturwandel, dem Berlin vor allem seit der Wiedervereinigung ausgesetzt ist, konzeptionell zu antworten. Der Übergang vom naturidealistischen Öko-Park zum postindustriellen

Gestern Industriebrache, heute Sport-Center: Golf-Spieler mit Blick auf den *Hudson River* in Manhattan, Dauerläufer mit Blick auf das ehemalige Flugfeld in Liverpool

Großstadt-Park markiert deshalb eine ästhetische Zäsur. Eine zeitgenössische Grünanlage ersetzt allerdings nicht bereits vorhandene Nutzungen durch neue; die einzelnen Elemente werden vielmehr addiert und ergänzen sich gegenseitig. Dies mag mit der Disziplin der Gartenkunst an sich zusammenhängen. Denn Parks entfalten ihre wahre Schönheit schließlich erst durch Alterung. Sobald ein Park jedoch ‚ausgewachsen' ist, haben sich sowohl die gesellschaftlichen Parameter als auch die ästhetischen Parkideale gewandelt. Im Gegensatz zu Städtebau und Architektur genießen Freiräume allerdings einen gewissen ‚Artenschutz' und werden selten bis zur Unkenntlichkeit überformt.

Die Frage nach der Zukunft des Tempelhofer Feldes ist zur grundsätzlichen Frage nach dem Stadtpark von morgen geworden. Der im Mai 1999 vorgestellte Entwurf des Zürcher Landschaftsarchitekturbüros *Kienast Vogt Partner* und des Berliner Architekten Bernd Albers ist einstweilen aber nur als Strategie zu verstehen, die einen Denk- und Diskussionsrahmen vorgibt. Er soll sich nach den Vorstellungen seiner Urheber langfristig entwickeln und sich auf diese Weise den verändernden Nutzungsanforderungen anpassen können. Trotz dieser bewussten Offenheit weist der Entwurf inzwischen eine Konkretisierung auf, die für zentrale Anforderungen an einen Großstadt-Park Lösungen anbietet. Dabei geht es nicht darum, einen ‚Park des 21. Jahrhunderts' neu zu erfinden, sondern in der Geschichte des Stadtparks bewährte Elemente neu zu interpretieren und das vorhandene Vokabular der Gartenkunst weiterzuentwickeln.

Die Grundidee basiert auf einer klaren Trennung von Bebauung und Nicht-Bebauung und steht damit im Gegensatz sowohl zu der flächendeckenden lockeren Bebauung im westlichen Teil des Tempelhofer Feldes als auch zu dem 1991 entwickelten Konzept eines dichten Stadtquartiers auf dem östlichen Tempelhofer Feld. Während das Flugfeld als weite Fläche erhalten bleibt, wächst die Bebauung der umliegenden Quartiere bis an den so genannten Ringboulevard heran, der die heutige Rollbahn der Flugzeuge neu interpretiert. Mit dieser Erschließungsstraße, die als achtreihige Allee ausgebildet ist, respektiert der Entwurf das Tempelhofer Feld als eine traditionell ausgesparte Fläche im Stadtgrundriss – im Gegensatz etwa zum New Yorker *Central Park*, der bereits 1811 von der Planungskommission im Manhattan-Raster ganz bewusst ausgespart wurde. Zwischen Ringboulevard und nördlicher Startbahn, wo in den Zwanzigerjahren die ersten Flughafenbauten errichtet wurden, entsteht ein Hain, der als Kinderspielbereich dienen soll; im Süden des Flugfeldes soll ein fünfzig Meter hoher Erdkegel aufgeschüttet werden, der in seiner Form Otto Lilienthals Fliegerberg nachahmt. Der Luftfahrtpionier hatte sich seinerzeit in Lichterfelde eine Erhöhung für seine Gleitflüge aufschütten lassen. Berg und Hain bilden in der weiten Ebene kontrapunktische Motive zur Leere. Der Belag der Start- und Landebahnen wird abgetragen. Dadurch ist der entstehende Graben gegenüber dem Flugfeld so weit abgesenkt, dass das umgebende Wiesenmeer in seiner dominanten Horizontalität erlebbar wird. Im Zentrum des ehemaligen Flugfeldes reicht der Blick mehrere hundert Meter über die freie Ebene bis zum Horizont. Der Entwurf verschleiert dabei nicht, dass es sich um eine künstliche Landschaft handelt, die eine neue Schicht auf ein dekontaminiertes Flugfeld legt und die jüngste Historie des Ortes lebendig erhält.

Zukunft der Arbeit in der Stadt: Auto-Endmontage in Dresden, Modell 1998

Damit steht die Neugestaltung des Tempelhofer Feldes im Gegensatz zu den traditionellen Parkanlagen, die zumeist auf unberührten oder landwirtschaftlich genutzten Flächen realisiert wurden. Sie unterscheidet sich aber auch von zeitgenössischen Ansätzen – etwa dem *Parc de la Vilette* in Paris –, die sich mit der Nachnutzung brachgefallener innerstädtischer Flächen auseinander setzen. Enthält doch der Gesamtentwurf städtebauliche Komponenten, die als eine Art ‚Stadtbausteine der Zukunft' gelesen werden können. Rings um das Flugfeld sieht die Berlin-Zürcher Entwurfsgruppe eine Bebauung vor, deren Nutzung einen Vorgeschmack auf die Stadt von morgen gibt. Der offene Park im Zentrum des Areals wird von einem dichten Ring an urbanen Funktionen umgeben, die ein Bild heutiger gesellschaftlicher Tendenzen widerspiegelt. Dazu zählt neben Freizeit- und Sporteinrichtungen vor allem der Urban Entertainment-Sektor, der am Standort des Flughafens Tempelhof thematisch mit der Luftfahrtgeschichte des Ortes verschmilzt. Geplant sind aber auch Wohn- und Gewerbeflächen mit Anschluss an den Park und an die nahegelegenen Verkehrswege. So etwa wird am Ostrand des Ringboulevards im Übergang zum Wohngebiet *Schillerpromenade* ein neues Quartier in offener Bauweise mit viergeschossigen Stadtvillen entstehen. Im Norden wird ein Baufeld ausgewiesen, auf dem hochwertiger Wohnungsbau in Form von drei- bis

Einkauf mit Unterhaltungswert: *Space Park* in Bremen, Modell 1999

viergeschossigen Stadthäusern entstehen soll. Die gegeneinander verschobenen Blöcke mit ihrer kleinteiligen Parzellenstruktur verstehen sich dabei als ‚städtische Insel im grünen Kontext'.

Eines der wichtigsten Elemente des Parkkonzeptes ist die Flughafenarchitektur selbst, deren historische Monumentalität durch die Ergänzung von Hochhäusern im Süden und niedrigen Reihenhäusern im Osten in ihrem Maßstab relativiert wird. Wie dieser Entwurfsansatz zu verstehen ist, zeigt der Umgang mit dem Reichstagsgebäude im Spreebogen. Dort ist durch die Bundestagsbauten aus der einst so monumentalen Architektur des Reichstags ein Gebäude im Kontext geworden, wobei das Bauwerk als Solitär erhalten bleibt und nicht zwanghaft überformt wird. Die Konzentration der Baumassen an einem Ort ermöglicht dabei eine großzügige Freiflächengestaltung. Dies lässt sich auch auf die Bebauung rund um das Tempelhofer Feld übertragen. Denn auch hier gilt, dass die Nachverdichtung an den Übergängen zu den umliegenden Stadtteilen das Konzept des leeren Freiraums im Zentrum des Areals stärkt. So wird der ‚Park der Luftbrücke' gewissermaßen von seinen Rändern her gedacht. Im Gegensatz zu dem *HPP*-Konzept aus dem Jahre 1994 bildet die Architektur in ihrer Gesamtheit allerdings keine klar ablesbare Ellipse, sondern wird aus der jeweiligen Quartierbebauung heraus an das Flugfeld, das in seiner Form an den Kopf eines Kugelfisches erinnert, herangeführt. Die jeweilige Nutzung der Neubauten ist dabei als Chiffre zu lesen.

In südlicher Verlängerung des Flughafengebäudes ist parallel zum Tempelhofer Damm als neue Komponente in der Stadtsilhouette eine Reihe von Hochhäusern vorgesehen. Sie böten Platz für internationale Institutionen, neue Verwaltungseinrichtungen oder Hotels, für Nutzungen also, die in dieser Form und in diesem Maßstab in der Berliner Innenstadt keinen angemessenen Standort mehr finden. Hier am Park werden sie, wie es programmatisch im Erläuterungstext des Entwurfes heißt, zum „Zeichen für eine zukunftsorientierte Entwicklung des Gebietes.“ Dies gilt auch für die Gewerbebauten, die sich im Südwesten anschließen und den schmalen Streifen zwischen S-Bahn-Trasse, Autobahn und Flugfeld füllen sollen. Im Entwurf verkörpern sie unter dem Stichwort ‚gläserne Fabrik‘ die Potenziale zukünftiger Arbeitswelten, wie sie nach dem Vorbild der *Volkswagen AG* in Dresden und Wolfsburg als *EXPO*-Attraktion entstanden ist. Dort wird die Endmontage der Kraftfahrzeuge zu einer Inszenierung im Stadtraum stilisiert. Das Arbeiten ist hier zu einer weiteren Attraktion der Freizeitgesellschaft geworden. Auch wenn man über diesen Auto-Fetischismus geteilter Meinung sein kann, ist davon auszugehen, dass diese Verquickung von Arbeit, Freizeit und Konsum in naher Zukunft auch auf andere Fertigungsbereiche übertragen wird. Dies bietet für die Innenstadt durchaus Vorteile. Sie könnte wieder zu einem Produktionsort werden, der Arbeitsplätze neuen Typs in unmittelbarer Nähe zu dichten Wohnquartieren entstehen ließe. Die gute logistische Anbindung an die Autobahn und das Schienennetz wäre am Rande des Tempelhofer Feldes zumindest schon gewährleistet.

An eine bestehende Infrastruktur knüpft auch die neue Nutzung im Südosten des heutigen Flugfeldes an. Dort soll der Sportpark Neukölln wieder seine alte Größe erhalten, die er Ende der Vierzigerjahre im

Zuge einer Landebahnverlängerung einbüßte. Die zukünftigen Sport- und Fitnesseinrichtungen sollen jedoch nicht mehr öffentlich finanziert, sondern als kommerzielle Anlagen errichtet werden. Hier verspricht der expandierende Sportsektor in Zukunft eine immer höhere Nachfrage. Dabei wird es aber auch darum gehen müssen, die einzigartige Landschaft des Wiesenmeeres in die Aktivitäten einzubeziehen. Zudem sind sportliche Nutzungen sehr flexibel, wenn es um die Umnutzung von bereits bestehenden Gebäuden geht. Beispiele aus anderen Stätten belegen dies. So etwa wurde in Liverpool im ehemaligen Hangar des Airports Speke ein Sport-Center errichtet, in dem heute Tennis-, Squash- und Badminton-Spieler von den hohen Hallen profitieren – mit Blick auf das alte Abfertigungsgebäude und in die Weite der Landschaft. Die Idee, alte Verkehrsflächen in einen Freizeitbereich umzuwandeln, prägt etwa auch die *Chelsea Piers* in New York. Dort wurden die Piers 59 bis 62 am Ufer des *Hudson River* in eine gigantische Sport- und Entertainment-Stätte verwandelt. Eine ganzjährig geöffnete Eisfläche, Rollschuh- und Leichtathletikbahnen mit bis zu 400 Metern Länge sowie ein Schwimmbad mit 25-Meter-Bahn haben die ehemals verwahrloste Hafenanlage wieder mit neuem Leben gefüllt. Die spektakulärste Attraktion bildet der *Golf Club*, der es ermöglicht, aus vier übereinanderliegenden Etagen Bälle über den Fluss Richtung New Jersey abzuschlagen. Ein Netz in den Dimensionen einer gigantischen Bahnhofshalle bewahrt die Bälle vor dem Fall ins Wasser.

Gegenseitige Inszenierung von Fliegerei und Architektur I: Flugzeugträger des *Intrepid Sea Air Space Museum* vor der Skyline Manhattans, 1997

Der New Yorker Umgang mit den ehemaligen Hafenanlagen hat in vieler Hinsicht Vorbildcharakter. Weiter nördlich von *Chelsea Piers* präsentiert das New Yorker *Intrepid Sea Air Space Museum* seine Exponate. Kernstück des Militärmuseums ist der Flugzeugträger *Intrepid*, der an Pier 86 vor der Hochhauskulisse Manhattans angelegt hat. Hier mischt sich die Faszination an der Luftfahrtgeschichte mit einer grandiosen Architekturlandschaft. Im kleineren Maßstab trifft dies auch für das *Museum of Science and Industry* in Chicago zu. Im Ostflügel des ehemaligen *Palace of Fine Arts*, einem Pavillongebäude der Weltaus-

Gegenseitige Inszenierung von Fliegerei und Architektur II: schwebende Boeing 727 im *Museum of Science and Industry* in Chicago, 1999

stellung im Jahre 1893, schwebt eine Boeing 727 in der weitläufigen Halle. Passagierflugzeug und Museumsarchitektur machen sich keine Konkurrenz, sondern ergänzen sich auf ideale Weise. Dies ließe sich auch in Tempelhof realisieren, wenn etwa ein Teil der Hangars für ein Flugzeugmuseum zur Verfügung gestellt würde. Im Luftwaffenmuseum in Gatow jedenfalls stünden bereits über 150 Flugzeuge bereit, die zu einem zentraleren und damit höher frequentierten Ort in der Stadt umziehen könnten.

Als letzten Baustein im Nachnutzungskonzept für den Flughafen Tempelhof sieht der Entwurf einen Themenpark ‚Fliegen' im südlichen Teil des Flughafengebäudes vor. Nach heutigen Prognosen dürften die Betreiber mit einem Besucherstrom von bis zu 1,5 Millionen Gästen pro Jahr rechnen. Der Freizeitpark könnte auf der internationalen Bekanntheit des Standortes aufbauen und wäre im Raum Berlin-Brandenburg – zumindest nach heutigem Planungsstand – der einzige Anbieter in diesem Freizeitmarktsegment. Simulatoren, in denen der Start von Großraumflugzeugen oder der Flug von Fallschirmspringern nachempfunden werden kann, würden das auf Wissensvermittlung angelegte Programm der themenverwandten Museen und Ausstellungen im Flughafengebäude ergänzen. Wenn es zudem gelänge, die Attraktionen des Museums und des Freizeitparks mit neuen Entwicklungen im Luftverkehr zu verbinden, könnten auf dem Tempelhofer Feld vielversprechende Synergie-Effekte entstehen. Denkbar wäre hierbei, dem in den kommenden Jahren wieder an Bedeutung gewinnenden Luftschiff-Verkehr einen Ankerplatz einzurichten. Derzeit arbeiten verschiedene Hersteller an einer neuen Generation von Luftschiffen, denen als Transportmittel für Ladungen bis zu 160 Tonnen oder auch als Passagierverkehrsmittel eine hohe Nachfrage vorausgesagt wird. Auf dem ehemaligen Militärflugplatz Brand südlich von Berlin ist eine Luftschiff-Werft im Bau, in der die Lastentransporter *Cargo Lifter* montiert werden sollen. Die ‚fliegenden Kräne', die mit einer Länge von 260 Metern die größten je gebauten Luftschiffe noch um 15 Meter und um ein Drittel größeres Volumen übertreffen, sollen ab 2003 weltweit eingesetzt werden. Auch die *Zeppelin Luftschiff GmbH* in Friedrichshafen, der wohl bekannteste Luftschiff-Hersteller, sowie die britische *Airship Technologies Group Ltd.* haben in den vergangenen Jahren neue Modelle entwickelt, die sich vor allem für den Passagierflug eignen. Nach den Vorstellungen der *Transatlantischen Luftschiffgesellschaft*, die in den Flugreisen eine touristische Attraktion sieht, könnte der Flughafen Tempelhof zu einem entsprechenden Start- und Landeplatz ausgebaut werden. Die vorhandenen Hangars im nordöstlichen Teil des Flughafengebäudes böten Platz für die notwendige Infrastruktur. Auch wäre für die Ankerplätze, die idealerweise einen Radius von 500 Metern benötigen, ausreichend Platz vorhanden. Da die Luftschiffe der modernen Baureihe schwenkbare Triebwerke haben, ist außerdem eine punktgenaue Landung gewährleistet. Würden die Ideen eines Luftschiffhafens Realität werden, bliebe das Tempelhofer Feld auch nach Einstellung des düsen- und propellerbetriebenen Flugverkehrs ein Ort, der auch in Zukunft Luftfahrtgeschichte schreiben könnte. Die geringen Geräuschbelastungen, die durch die Luftschiffe verursacht werden, sind darüber hinaus mit denen eines lärmreduzierten Flugzeugs nicht zu vergleichen.

Cargo Lifter, Zeppelin und *Blimp*: Der neuen Generation von Luftschiffen wird eine erfolgreiche Zukunft prognostiziert. In Brand bei Berlin entsteht derzeit eine Werft für den Lastentransporter *Cargo Lifter*, Modell 1997

Der ‚Park der Luftbrücke' birgt in sich durchaus das Potenzial, den Anforderungen, denen sich ein zukünftiger Großstadtpark stellt, gerecht zu werden. Die Umsetzung dieser skizzierten Ideen stellt sicherlich eine große Herausforderung sowohl in politischer, sozialer und ökologischer als auch in ästhetischer und ökonomischer – die Finanzierung soll schließlich durch den Verkauf von Teilflächen ermöglicht werden – Hinsicht dar. Doch letztlich ist stets zu bedenken, dass der Flughafen Tempelhof mehr und mehr zum Synonym für die Frage werden wird, wie sich Berlin ein großstädtisches Leben in zwanzig, dreißig oder gar fünfzig Jahren vorstellt.

Anhang

Literatur

BALG, ILSE: Martin Mächler – Weltstadt Berlin. Schriften und Materialien. Berlin 1986

BEIRAT FÜR STÄDTEBAU UND STADTGESTALTUNG: Empfehlungen zur Entwicklung des Tempelhofer Feldes vom 4. November 1997

BERLIN ADLERSHOF AUFBAUGESELLSCHAFT MBH (HG.): Straßen, Plätze, Parks. Der öffentliche Raum in der Wissenschaftsstadt. Berlin 1999

BERLINISCHE GALERIE (HG.): Berlin heute. Projekte für das neue Berlin. Berlin 1991

BEST, PETER B./GERLOF, ANDREAS: Flughafen Gatow. Der historische Ort. Berlin 1998

BEZIRKSAMT TEMPELHOF (HG.): Landing on Tempelhof. 75 Jahre Zentralflughafen. 50 Jahre Luftbrücke. Berlin 1998

CONIN, HELMUT: Gelandet in Berlin. Zur Geschichte der Berliner Flughäfen. Köln 1974

DEMPS, LAURENZ/PAESCHKE, CARL-LUDWIG: Flughafen Tempelhof. Die Geschichte einer Legende. Berlin 1998

GRAB, CARSTEN/KURTH, DETLEF/RADECK, KATHARINA: Einblicke in die Geschichte der Schillerpromenade in Neukölln. Berlin 1992

FLUGHAFEN HAMBURG GMBH (HG.): Vom Flugbahnhof zum Terminal. Flughafen Hamburg 1929-1999. Zürich 1999

LE CORBUSIER: Aircraft. London 1935. Reprint: Renato Minetto (Hg.). Mailand 1996

POSENER, JULIUS: Berlin auf dem Wege zu einer neuen Architektur. Das Zeitalter Wilhelms II. München 1979

SCHMITZ, FRANK: Flughafen Tempelhof. Berlins Tor zur Welt. Berlin 1997

SCHÖNBERGER, ANGELA (HG.): Airports. Entwürfe für einen Flughafen Berlin Brandenburg International. Berlin 1997

SENATSVERWALTUNG FÜR STADTENTWICKLUNG, UMWELTSCHUTZ UND TECHNOLOGIE (HG.): Freizeit und Entertainment in Berlin. Bestehende und geplante Freizeitgroßeinrichtungen. Berlin 1998

SENATSVERWALTUNG FÜR STADTENTWICKLUNG, UMWELTSCHUTZ UND TECHNOLOGIE (HG.): Vom Flughafen zum Park der Luftbrücke. Konzept Nachnutzung Flughafen Tempelhof. Berlin 1999

SENATSVERWALTUNG FÜR STADTENTWICKLUNG UND UMWELTSCHUTZ (HG.): Flughafen Tempelhof. Berlin 1994

STADTFORUM BERLIN: Flughafen. Luftverkehrskreuz oder Regionalflughafen? Dokumentation der 62. Sitzung am 18. April 1997

VEREIN ZUR BEWAHRUNG VON STÄTTEN DEUTSCHER LUFTFAHRTGESCHICHTE E. V.: Luftfahrt in Berlin-Brandenburg. Berlin 1992

WENZEL, JÜRGEN (HG.): Stagnation oder Aufbruch? Bausteine zu einer entwicklungsorientierten Landschaftsplanung. Berlin 1997

WENZEL & PARTNER: Nachnutzungskonzept für den Flughafen Berlin-Tempelhof. Endbericht. Hamburg 1998

ZUKOWSKY, JOHN (HG.): Building for Air Travel. Architecture and Design for Commercial Aviation. München/New York 1996

Abbildungsnachweis

Bernd Albers, Berlin/Kienast Vogt Partner, Zürich: Titel, 62, 65, 66, 67; Berlin Brandenburg Flughafen Holding GmbH: 3, 13, 30, 31, 37; Mathias Broneske, Berlin: 75; Uwe Dettmar, Frankfurt/Main: 40; Deutsches Technikmuseum, Berlin: 6, 64; V. Hausmann/SV-Bilderdienst, München: 51; Intrepid Sea Air Space Museum, New York: 73; Gabriele G. Kiefer, Berlin: 55; Koellmann European Leisure Corporation GmbH, Wiesbaden: 71; Kunstbibliothek, Berlin: 27; Landesbildstelle Berlin: Titel, 7, 26, 28; Linie 5, Berlin: 59; Lufthansa Bild-Archiv, Berlin: 29; Natascha Meuser, Berlin: 32/33; Philipp Meuser, Berlin: 8/9, 12, 35, 36, 38, 43, 44, 46, 48, 56, 57, 61, 68, 74; Musée de l'Air et de l'Espace, Paris: 42; Gregor Noga/SV-Bilderdienst, München: 53; Senatsverwaltung für Stadtentwicklung, Berlin: 17 li (Umweltatlas Berlin), 17 re (Gruppe Naturschutz), 20/21; Speke Garston Development Company, Liverpool: 49; Mark Volk, Berlin: 15, 24, 25, 39; Volkswagen AG, Wolfsburg: 70

Für Anregungen und Informationen dankt der Autor folgenden Personen:
Bernd Albers, Joachim Krey, Friedemann Kunst, Günther Vogt

Die Deutsche Bibliothek – CIP-Einheitsaufnahme

Meuser, Philipp:
Vom Fliegerfeld zum Wiesenmeer : Flughafen Berlin-Tempelhof/Philipp Meuser. -
Berlin : Berlin-Ed., 2000
ISBN 3-8148-0085-0

April 2000
Lektorat: Markus Sebastian Braun
Gestaltung: Meuser Architekten BDA, Berlin
Schrifttype: Verdana